生物多様性

私と地球を元気にする方法

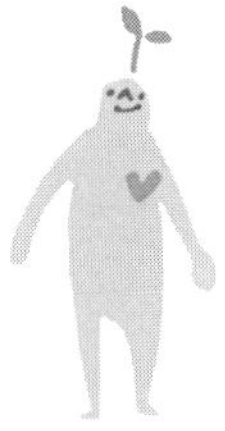

長谷川 明子

技報堂出版

はじめに

地球が生まれて46億年という月日が流れました。生まれたばかりの地球は、隕石がぶつかった痕でボコボコしていて、今のように酸素もなく、生き物の姿もありませんでした。それから今日まで、さまざまな生き物が地球上に現れては消え、幾度となく大絶滅と大発生を繰り返してきました。はるか昔から地球にいる多くの生き物たちに支えられ、今の私たちがあります。また、食べ物も、着る服も、家の材料もほとんどが、生き物たちによるものです。つまり、私たちは生き物たちに、生かされているのです。ところが、私たち人類は、気づかぬうちに多くの生き物を絶滅に追いやりました。今もなお、多くの生き物たちが絶滅の危機に瀕しています。このままでは、近いうちに人類は、多くの生き物を巻き添えに、地球上から消えてしまうかもしれません。

そこで、その危機を回避するために、1992年ブラジルのリオデジャネイロで、地球サミットが開催されました。そこでは、これから地球を良くしていくための、基本原則となるリオ宣言と、地球を救うための二つの条約が採択されました。一つが温暖化を防止する気候変動枠組条約。そして、もう一つが生物多様性条約です。

二つの条約は地球を救う方策の両輪と言われていましたが、その取り組みには大きな差が開いてしまいました。片方だけがんばっても、うまくいくはずがありません。その結果、2010年までに種の絶滅スピードを緩やかにすることも、また、2010年までに温暖化対策として二酸化炭素の排出量を削減することも、共に達成できませんでした。

目標年度となった今年、日本の名古屋で生物多様性条約第10回締約国会議（COP10）が開催されます。これをきっかけに1人でも多くの人が、生き物たちに生かされていることに気づき、地球全体を良い方向へ動かしていく一歩を踏み出してほしいと思います。

本書では、生物多様性とはなにかを解説するとともに、地球の方向性を変えたリオ宣言をやさしくひも解いてみたいと思います。

目次

本文デザイン：パーレン
本文イラスト：山本アカネ

第1章

生物多様性ってなぁに？

生物多様性とは？

生物多様性とは、生態系、種、遺伝子が豊かなことで、生き物自身とそれを取り巻くすべてに違いがあり、それら多くの生き物たちがつながって、命を支え合っているということです。

私たちは、多くの先祖の命がつながって、生まれてきました。さまざまな命を食べ、その命は私たちの血や肉となり、身体を支えてくれています。また多くの生き物を、衣服や家具、紙などに利用し暮らしています。人間が生きていくため不可欠な酸素も、太陽の恵みを受けた植物が、土や水から栄養をもらい、つくっています。その植物もまた、子孫を残すために昆虫の力を借りています。空気や水で地球上のすべての生き物の命とつながり、今の私たち

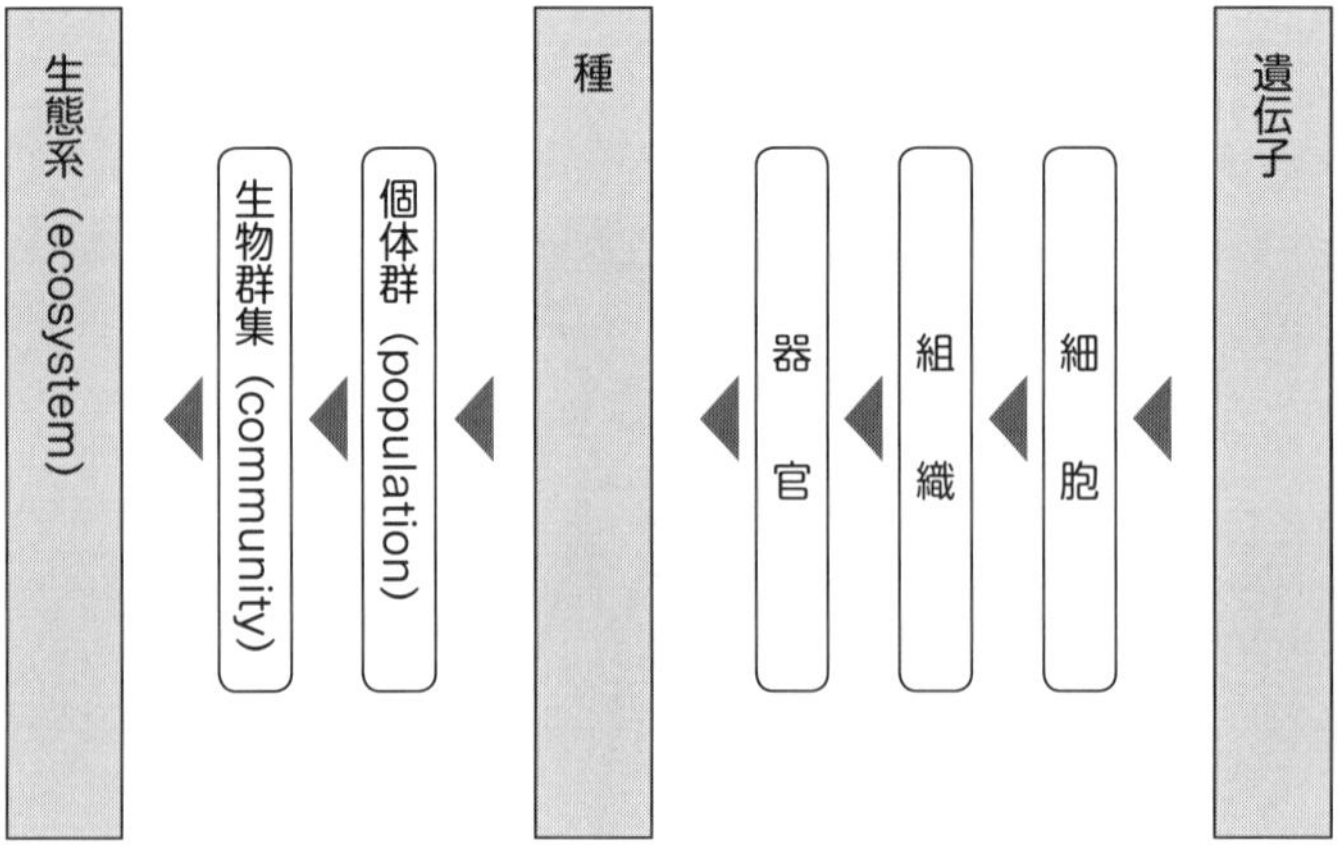

まとまりの系列（レベル）

を支えているのです。

地球には、土、水、空気、太陽光があり、46億年という長い時間をかけて、さまざまな環境に適応した多くの生き物が生息しています。これを生態系といいます。雨がほとんど降らない砂漠、数時間に集中的に雨が降る熱帯雨林、雨季と乾季がはっきりしているサバンナ、年中氷で覆われ太陽の沈まない季節がある南極、水田、都市など、さまざまな生態系があります。これらの生態系が集まり、地球という大きな生態系をつくっています。

生態系のメンバーであるタヌキやメダカ、アカマツやコメ、微生物などさまざまな生き物は、命の長さは違えど、何かを食べ栄養をもらい、呼吸をし、排出し、成長し、子孫を残し、生まれては死ぬことを繰り返しています。食べられた生き物も、形を変えて食べた生き物の中に取り込まれ、地球の中

生態系の多様性

を巡っています。植物も動物も、空気と水を必要とし、生態系の環の中で私たち人間と共に結びつきながら、生きているのです。

　現在、地球上には、190万種の生き物が確認されています。しかし、まだ発見されていない種も数多く存在し、5000万から1億の種がいるとも推測されています。

　これらの生き物たちは、種は同じでも一つ一つ異なります。私たち人類も同じヒトですが、血液型や肌の色、アルコールに強い弱いなどの差があります。この差は、遺伝子によって生まれるのです。ほかの生き物も同様です。例えば、同じゲンジボタルといっても、東日本と西日本で異なります。

　そして、この違いこそが大切なのです。地球の歴史と共にさまざまな生態系が成り立ち、その地域の生態系に合った、さまざまな遺伝子を持つ種がたく

種の多様性

さんいて、それらが「食う－食われる」などの関係を通じ、密接につながっているということが、生物多様性ということなのです。

生物多様性はどうして大切なの？

私たちの生活（衣食住）のほとんどは、生き物たちによって支えられています。着る物、食べ物、家具や家など、生き物を利用（供給サービス）しています。また、植物や土が空気を浄化したり（空気の浄化機能）、微生物や植物、土が汚れた水をろ過してもくれます（ろ過機能）。山では、木々の根が山崩れを防ぎ（土壌崩壊防止機能）、表面の土が流れ出ることも防いでくれています（表土流出防止機

遺伝子の多様性

能）。森が気温の上昇を防いだり、火事を止める能力（消炎防火機能）も持ち合わせています。農作物や魚など食料をつくる基盤を、提供してくれています。また何より、自然があることで、私たちは癒され、元気をもらうことができます。俳句や絵画など芸術の対象となったり、ときに、生き物たちから発想を得ることもできます（文化的サービス）。パンクしないタイヤは、熱帯雨林のツタの特性をヒントに、汚れや水滴をはじく布は、ハスの葉が水をはじくことをヒントに、また、山陽新幹線は、高速でトンネルに出入りする際に発生する大爆発音を軽減するため、音をほとんど立てずに水に飛び込むカワセミの嘴《くちばし》をヒントにつくられました。これらは生き物の形や材料をまねてつくるため、バイオミミクリー（生物模倣）と呼ばれ、人間のテクノロジーを支えているのです。

人間の生存基盤
- 植物の光合成
  CO_2 の吸収：温暖化の防止
  酸素供給

技術開発のヒント
- バイオミミクリー（生物模倣）
  生物の巧みな構造などを活かした製品づくり

安全・安心の基礎
- 自然の地形：災害の防止
- 豊かな森：安全な飲み水

有用性の源泉
- 食品や木材
- 遺伝資源
  バイオテクノロジー：医薬品などへの応用
  野生種の遺伝的特性：品種改良

豊かな文化の根源
- 料理：食材、酒、味噌、酒、茶
- 祭り・民謡
- 文化

生態系サービス

何より、毎日同じものを食べていては、飽きてしまいます。さまざまな食材を食べることで、楽しみが増えます。国、年齢によっても、好みの食べ物が異なります。それゆえ、数多くの食べ物（遺伝子・種）があることで、選択肢が広がり豊かさを実感できます。また、どこに行っても世界中同じ風景だったら、観光としてはつまらないものです。さまざまな風景（生態系）があり、そこにさまざまな文化が生まれることで、私たちの持続的な生活を支える生存基盤がつくられているのです。

生物多様性が失われるとどうなるの？

私たちは、生き物の恵みを受けて、生活していま

さまざまな風景　さまざまな文化

す。それらが失われれば、食料が不足したり、土砂災害が発生したり、水や土壌が浄化されず飲める水が少なくなるなど、さまざまな問題を引き起こします。新たな病気が発生したときに、新薬開発のもとになる植物なども調達が難しくなることでしょう。

　それだけではありません。生態系は、土、空気、水そして太陽から植物ができ、その植物を食べるバッタなどの草食動物、またその草食動物を食べるカマキリやクモなどの肉食動物、それを食べるカエル、またそれを食べるヘビ、ヘビを食べる猛禽類など、「食う－食われる」の関係でつながっています。そして、その生態系の頂点に人間がいます。これらの生き物が、一種ずつピラミットの石のように、生態系を支えています。しかし、一種が絶滅することで、それを餌とする生き物も絶滅し、まるでドミノ倒しのごとく、生態系のピラミットが崩れてしまう

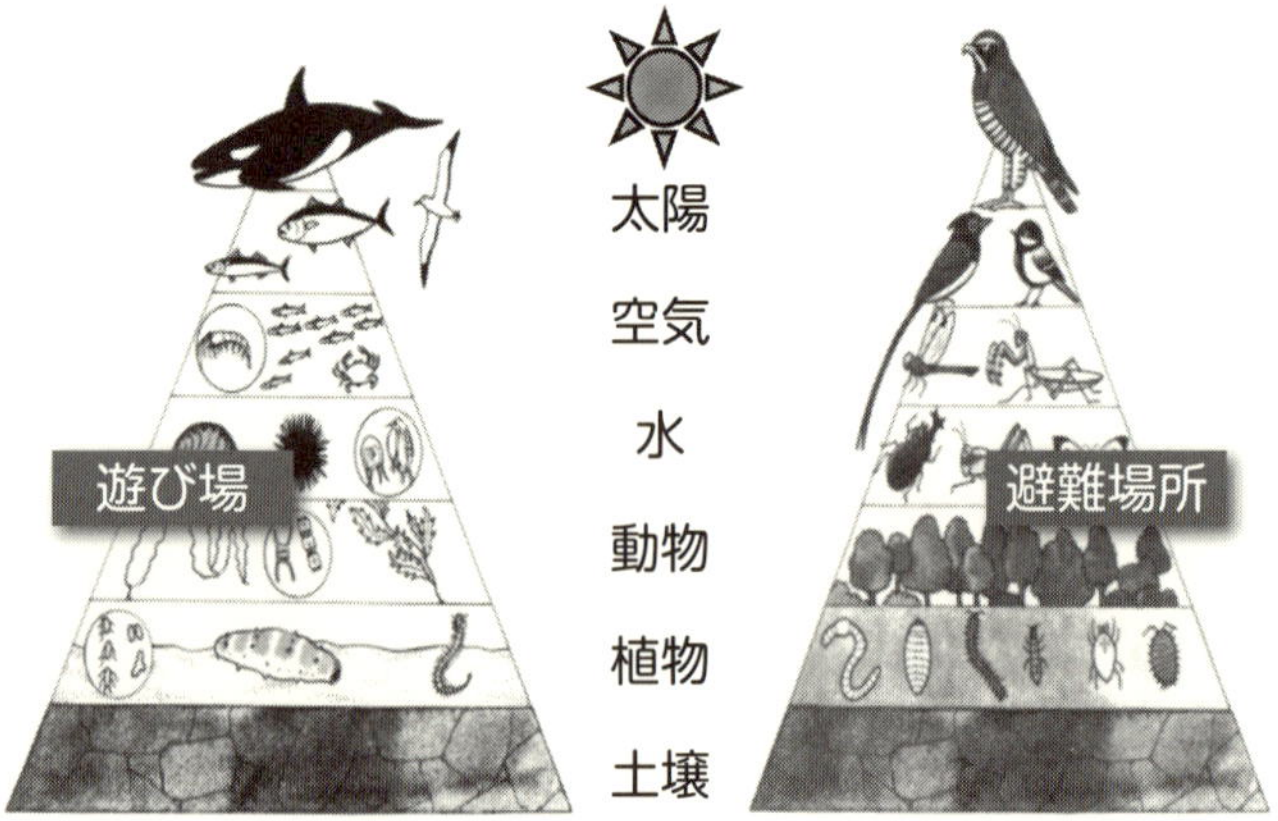

生態系の構成要素（出典：日本生態系協会「環境を守る最新知識」信山社に加筆）

のです。どの生き物が絶滅したら、生態系が大きく崩れるのかは、実は判らないのです。そして、生態系が崩れることで、私たちは生態系からの恵みを得られなくなってしまうのです。

失われつつある生物多様性

☆日本の生物多様性

では、私たちのすむ日本の生態系は大丈夫なのでしょうか？　日本は狭い国土ながら、四季があり、一年を通じて雪が見られる標高３０００ｍの急峻な山々から海まで、さまざまな自然環境が存在しています。また大陸から離れた島国ゆえ、外から生き物が入りにくく、固有の生き物が生存しています。同じ島国で同じような面積のイギリスと、環境先進

	哺乳類		鳥類		両生類	
	種　類	固有種の割合	種　類	固有種の割合	種　類	固有種の割合
日本	188	22%	250	8%	61	74%
イギリス	50	0%	230	0%	7	0%
ドイツ	70	0%	239	0%	20	0%

出典：環境省　新・生物多様性国家戦略「いのちは創れない」

国といわれるドイツと比較してみましょう。イギリスもドイツも、哺乳類、鳥類、両生類において、固有種は0%。それに対して、日本では、哺乳類の22%、鳥類の8%、両生類に至っては74%もの種が、世界中探しても日本にしかいない、固有種なのです。

☆国内における多様性

日本は長い地球の時間のなかでできたいくつかの島から成り立っているため、北海道にはヒグマやエゾシカ、本州にはツキノワグマやニホンシカなど異なる種が生息しています。東京で見られるアズマモグラは、西日本ではほとんど見られません。代わりにコウベモグラというアズマモグラより大きいモグラが生息しています。また、トキで有名な佐渡には、サドモグラという別の種が生息しています。

樹の枝に卵を産むことでよく知られる
モリアオガエルも日本固有種

27 年ぶりに大空を舞うトキ

このように、狭い国土でありながら、さまざまな種が生息しているのです。同様に植物においても、その地方にしか生育していない固有の植物が多くあり、そこに生息している生き物も異なっているのです。

しかし、単に見た目の美しさや、管理のしやすさ、また東京を中心につくられた公共事業のマニュアルによって、どの地域に行っても同じような緑化がされ、地域の固有種は、どこにでもある、または外国から輸入された植物に、生息地をどんどん奪われていきました。行政や企業、そして市民の地域の自然への関心の薄さ、自然に対する認識の低さが、日本から地域の固有性をどんどん失わせているのです。あなたがいるところには、どんな固有の生き物がすんでいますか？

外来種のセイヨウタンポポ（左）と在来種のカントウタンポポ（右）
（カントウタンポポは総包片が外に反り返らない）

☆生物多様性ホットスポット

生物多様性ホットスポットとは、地球上で生物多様性が高いにもかかわらず、多くの種が絶滅に瀕している地域のことです。最優先に守るべき場所を明確にしようと、種の絶滅に対して警鐘を鳴らしたマイヤーズ博士により提唱されました。固有の植物種が1500種以上あり、かつ原生の生態系が70％以上なくなってしまった地域を指定しています。その地域は、世界で34ヶ所。そのすべての面積を合わせても、地表のたった2.3％です。そのエリアには、レッドデータブックで最も絶滅が危惧されている、食物連鎖の頂点に立つ哺乳類、鳥類、両生類の75％が生息しています。それらが生きていけるためにその地域を守れば、餌となる多くの動物や植物たちも守ることになるのです。

日本は最優先に守るべき場所でしょうか？

地球上で生物多様性が高いにもかかわらず破壊の危機に瀕している地域

- 1988 年ノーマン・マイヤーズ博士（英）が提唱
- 最優先に保護、保全すべき地域を特定
- その地域にしか生息しない固有の植物種が 1,500 種以上、かつ原生の生態系が 70%以上失われている地域を指定
- 2000 年 25 ヶ所→ 2005 年 34 ヶ所（地表のわずか 2.3%）

生物多様性ホットスポット

実は、北方四島を除く日本すべてが生物多様性ホットスポットの一つなのです。つまり、あなたの街も、庭も、今立っているその場所も、最優先に守るべき場所、生物多様性ホットスポットなのです。生物多様性ホットスポットの多くは、発展途上国です。先進国でありながら、ほぼ全土が指定されている日本が、どのようにしたら固有の生き物と共に暮らせるのか考え、そして生態系を守ることができたなら、他国へのお手本となるでしょう。

☆２０５０年の地球

少し時間を進めて、近未来をのぞいてみましょう。もしこのまま何もしなかったら、２０５０年はどうなってしまうのでしょうか？　２０５０年の地球については、ＷＷＦ（世界自然保護基金）がまとめた「生きている地球レポート」（２００６年）

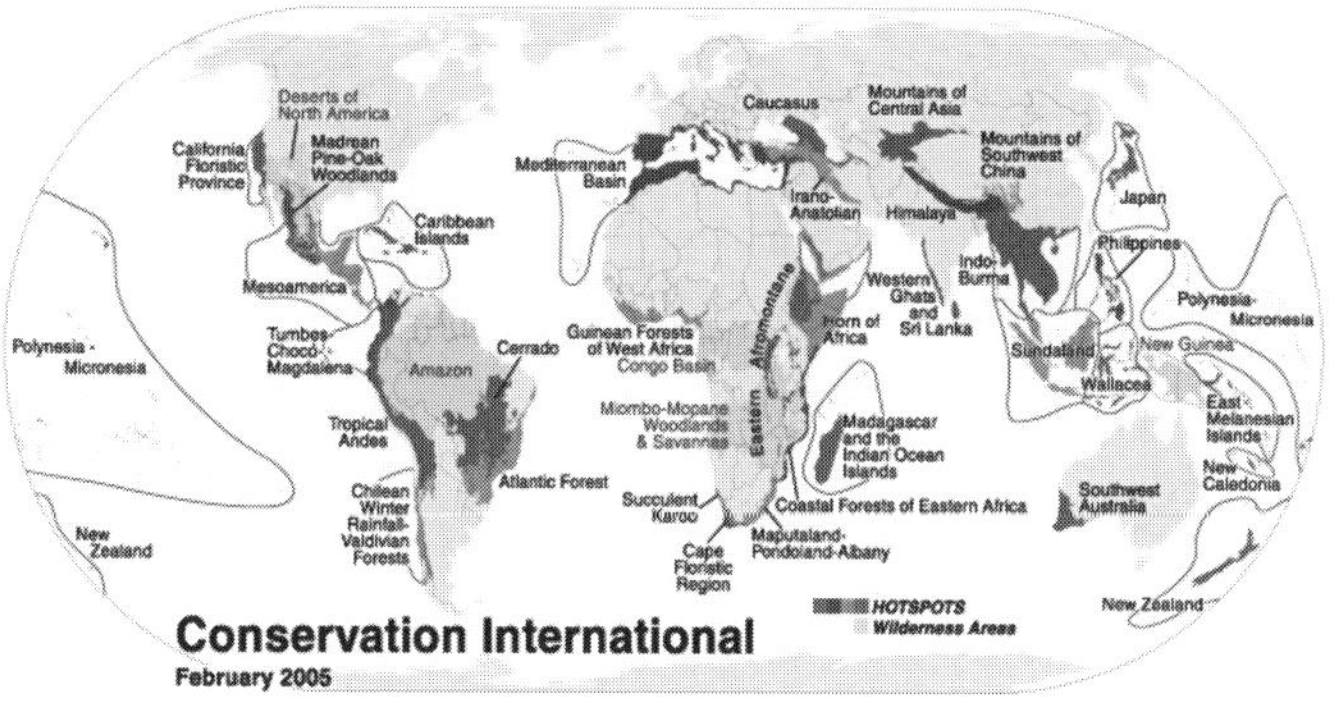

日本はホットスポット？（出典：コンサベーション・インターナショナル HP）

に描かれています。

２０５０年までに、人口も、CO_2も、消費もすべて右肩上がりの増加です。右肩成長は素晴らしい！　と言われてきた世代にとっては、うれしいグラフにも見えるぐらいです。

一方、生き物を見てみましょう。すでに２０００年には１９７０年代に比べて、陸上の哺乳類や鳥類、爬虫類などは、約30％が減少。海の脊椎動物も同様に30％。川や湖など淡水にすむ魚やカエルなど脊椎動物に至っては、50％も減少してしまいました。

全体として、40％もダウンしてしまったのです。

２０５０年には、２０００年に比べ、人口は1.5倍、肉や魚介類の消費量は2倍になる見込みです。人口が増えるということは、それだけ人間の住む場所が必要であり、食料も必要となります。つまり、生物

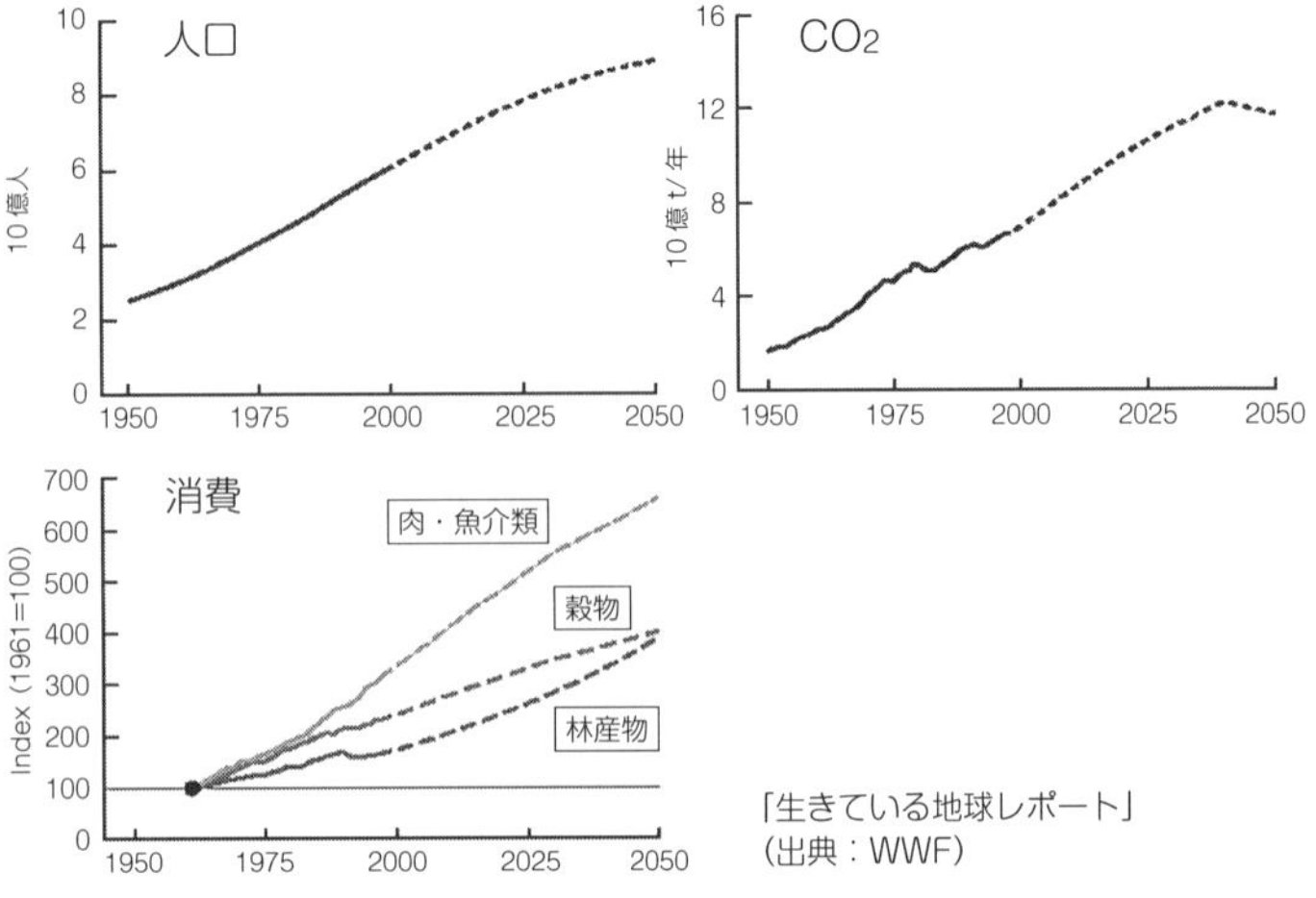

「生きている地球レポート」
（出典：WWF）

の生息地をさらに奪う可能性が高いということです。消費する肉や魚介類が2倍になるといわれているのに、そのもととなる生き物がいなくなってしまって、私たち人類は生き残れるのでしょうか？

そもそも、１９７０年から２０００年にかけて、こんなに生き物を減らしてしまったのは、いったい誰なのでしょうか？

自覚がある、なしに関わらず、１９７０年から２０００年の期間に、この地球に生きていた人類以外の何ものでもありません。生きてきた証《あかし》なのです。生きている限り、何か地球の生き物を、食べ、着て、家に住み、そして道具を使います。しかし、人類の欲望のまま、大した意識もせずに消費してきた結果として、生き物を減らしてしまったのです。だからこそ、まずその認識を持つことが重要なのです。現状を知り、未来を想像できれば、おのずと対

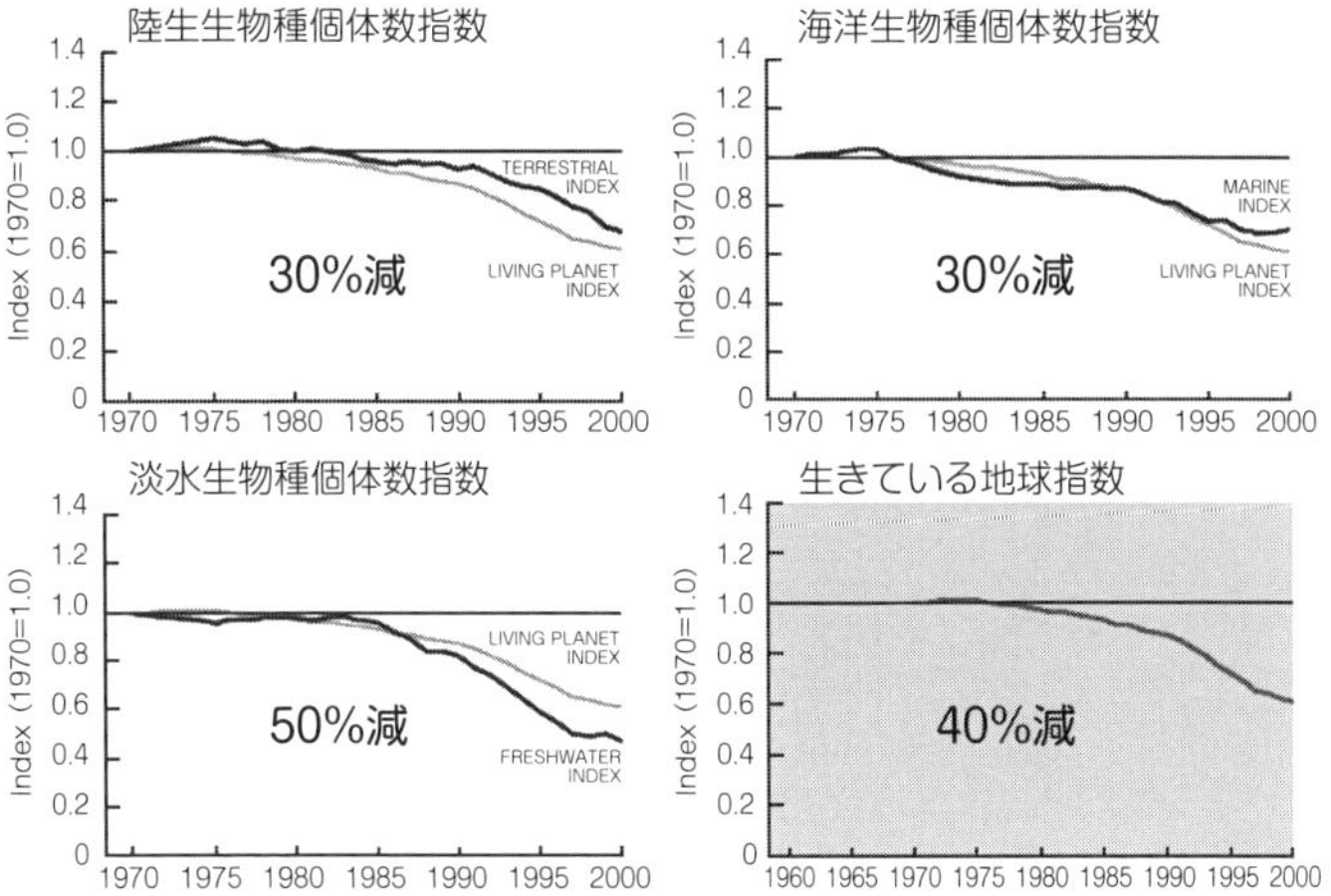

策をとることができることでしょう。

☆種の絶滅スピード

そこで、クイズです。一年間でどれだけの種が絶滅しているでしょうか？

① 年間4種：季節ごとに1種の絶滅
② 年間40種：1週間に1種程度
③ 年間400種：1日1種程度
④ 年間4000種：1日10種程度
⑤ 年間4万種：1日100種程度

答えは⑤、年間4万種。

1日にして100種。13分に1種がまさに、この地球上から消えているのです。種の絶滅とは、13分に1人が死ぬことではありません。地球上からすべ

Q 1年間で何種の生き物が絶滅しているでしょうか？

① 4種
② 40種
③ 400種
④ 4,000種
⑤ 40,000種

ての人類がいなくなる、ということなのです。

絶滅してしまった生き物を、元どおり自然な環境でよみがえらせることは不可能です。仮に映画のように科学技術で復活させるにしても、巨額なお金と時間がかかることでしょう。今なら、絶滅させた生き物を復活させるよりはるかに少ないお金で、より多くの今いる生き物を、守ることができるのです。

種が絶滅することは、単に悲しいというだけでなく、それはいつか人類にはね返ってくるのです。つまり、種の絶滅は、人類への警笛なのです。

☆沈みゆく箱舟

２０００年には1年間で4万種が絶滅するであろうと、人々に警告を促したのは、ノーマン・マイヤーズ博士です。１９７９年に発表された著書The Sinking Ark（邦題「沈みゆく箱舟」）の中で、

A

⑤　40,000 種

まさに今、13 分に１種が絶滅している！

恐竜時代には1000年で1種が絶滅していたが、1900年には1年間で1種が、1975年には1年間で1000種が絶滅している。このままでいくと、2000年には4万種が絶滅すると予測したのです。マイヤーズ博士は、のちに4万種から数値を引き下げたものの、このデータを元に、ときの米国大統領であったカーターは、1981年アメリカ合衆国政府特別調査報告書を作成させました。「西暦2000年の地球」と題されたその報告書には、平均して1年で4万〜5万種の生物が地球上から絶滅するとの予測が明記されたのです。

　私たちは、豊かさや幸せのために科学を発展させ、技術を磨いてきました。しかし、そのことが種の絶滅を加速させたのです。誰も、すすんで自然を壊そうなんて考えていなかったはずです。自然が圧倒的に大きいため、破壊している意識が希薄だった

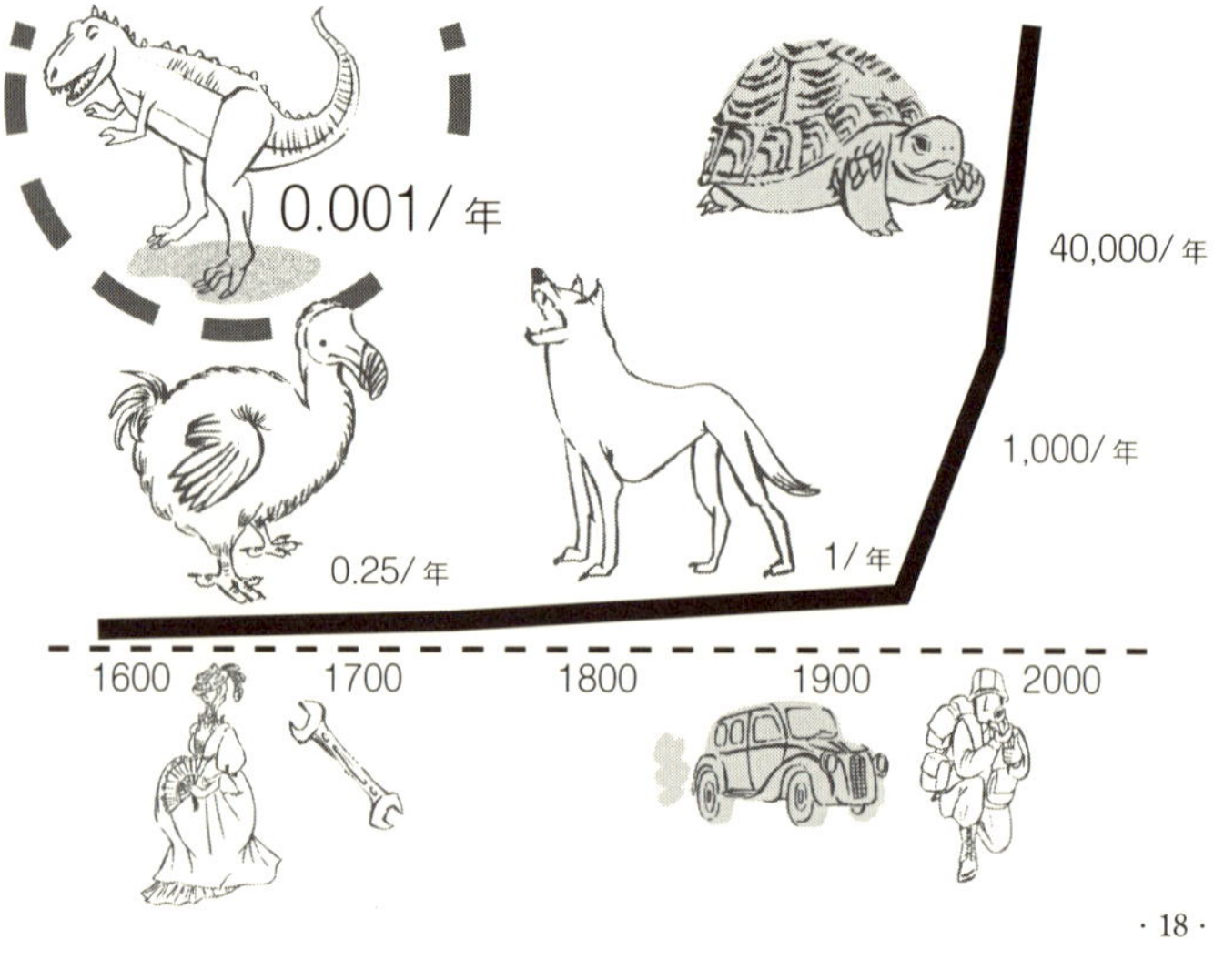

か、また多少破壊しても大丈夫だと過信していたのではないでしょうか。

結果として自分たちの首を絞めていることに、ようやく私たちは気がつきはじめたのです。

☆魚がいなくなる

科学雑誌『ネイチャー（Nature）』にも、セイヨウタラの漁獲量を１９７０年から調べていくと、増えたり減ったりを繰り返しながら徐々に漁獲量を下げ、このままでいくと、２０５０年には取れなくなってしまう可能性が示唆されました。

未来の危機的な予測は『ネイチャー』のみならず、２００８年生物多様性条約第９回締約国会議で「生態系と生物多様性の経済学　中間報告書」（The Economics of Ecosystems and Biodiversity：TEEB：ティーブ）として発表されました。

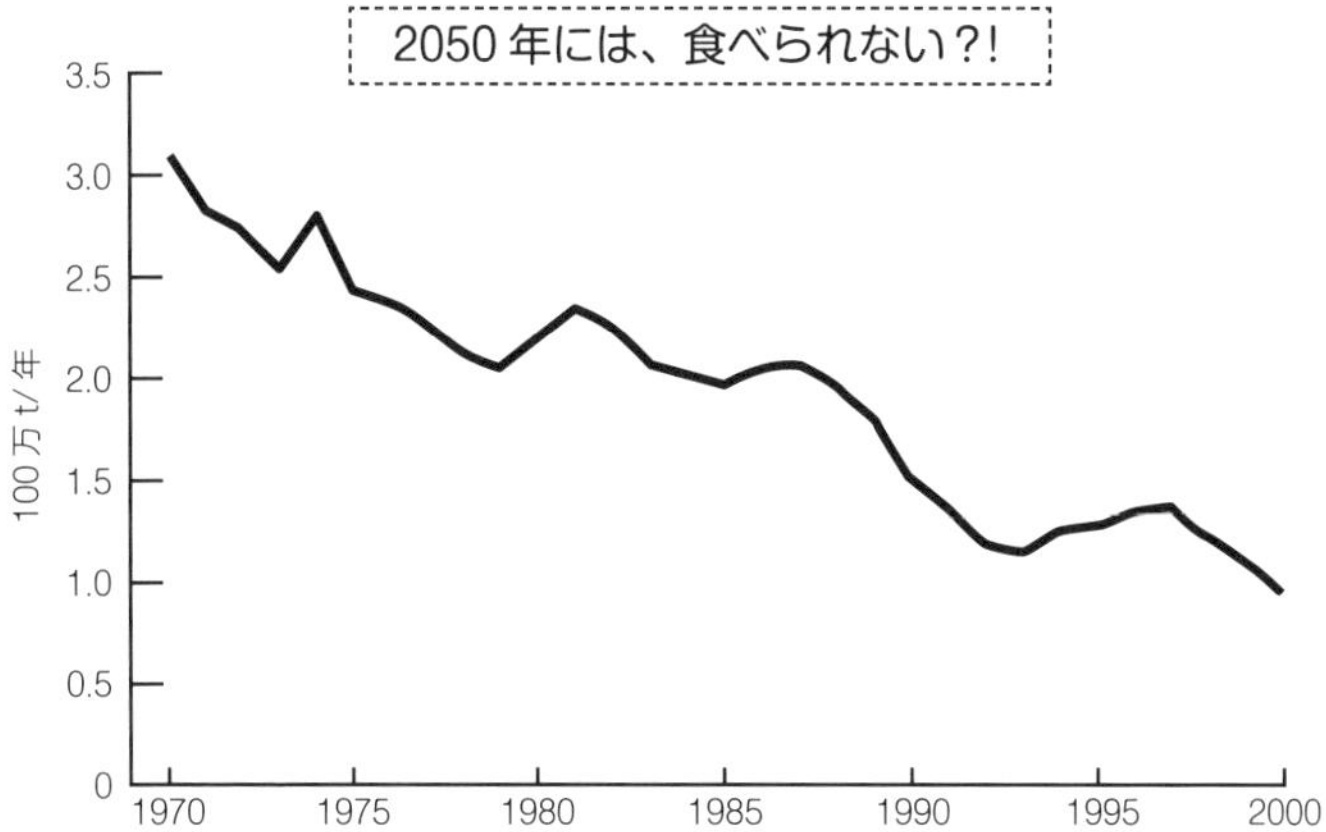

セイヨウタラの漁獲量

そこには、2030年までにサンゴ礁の60%が失われる可能性がある、と明記されています。サンゴ礁は、アニメ映画の「ニモ」にも描かれたように、小魚の産卵の場や隠れ場となる貴重なところです。それぱかりか、ワカメなどの海藻類と同様、酸素をつくり出しています。それがあと20年ほどで、60%がなくなってしまうかもしれないのです。サンゴ礁が、なくなっても自分とは関係ない、と思う人がいるかもしれません。しかし、魚のゆりかごがなくなることで、多くの小魚の生息数が減り、それを餌にする魚たちも生きられなくなります。その結果、2050年に商業用漁業がダメになってしまうのです。焼き魚、煮魚、お刺身…私たちの血となり肉となる大切な食料としての魚も、まもなく幻の食べ物になってしまうのかもしれません。

2030 年までにサンゴ礁の 60%が失われる可能性がある
(Hughes et al., 2003)

現在の傾向が逆転されない限り、世界のすべての商業用漁業は 50 年以内に崩壊するだろう
(Worm et al., 2006)

出典：「生態系と生物多様性の経済学　中間報告書」

☆10％の法則

魚がダメなら肉があるから大丈夫と思ったら大間違い！　生態系には10％の法則というものが存在します。私たちの体重を１kg増やすために、牛肉なら10kgが必要で、その10kgをつくるために、牧草１００kgが必要なのです。つまり、魚がなくなり牛を食べるようになれば、広大な牧草地が必要となるため、建物を取り壊すか、森を切り開くこととなるのです。また狭い場所に過剰に牛を放牧させると、糞や踏みつけにより土地が荒れてしまいます。過放牧の結果、毎年４億７７００haが砂漠化しているのです。２０５０年まであと40年。そのころは生きていないから関係ないと思うのは、大間違い。真綿で首を絞められるかのごとく、徐々に徐々に蝕まれていくのです。それに愛する子どもや孫を、そのようなひどい目に遭わせてもよいのですか？

10%の法則（参考：竹内　均『人類の未来を考える本（11）（12)』教育社、1989）

☆食文化も滅びる

2010年に入り、シラスウナギ（ウナギの稚魚）が日本でとれなくなったと、嬉しくないニュースがありました。エルニーニョ現象によって、海面の温度が上がり、海流がずれ、日本に回遊してこなかったためといわれていますが、シラスウナギが、増えたり減ったりを繰り返しながら、絶滅へ向かわないことを願うばかりです。

シラスウナギの数が増えても、また、ウナギを完全養殖できるようになったとしても、生態系を取り戻したことにはなりません。ウナギが海で繁殖し、川をのぼり大きくなり、また海に戻っていく。その一連の成長プロセスを人間が阻害していないでしょうか。想像してみてください。ウナギは日本の川をどのように感じるのでしょう？　ウナギと共に川を上ってみましょう。水質はよくなったとはい

え、三面がコンクリートで固められています。そのため隠れる場所もなく、流れも単調です。さらに上ると、ようやく植物が生えだし、流れに変化がでてきますが、いくつかの堰越えが待っています。やっと登れたその後には、そびえたつダムの直壁。とても昔のように上流まで行くことはできません。

私たち人間にとって、川で天然のウナギを取って、炭で焼いて食べるという行為は、自然の恵みを堪能することです。そのような贅沢な時間を次世代が体験できないということは、同時に先人たちの思いを共有することもできなくなってしまうことなのです。つまり、文化が継承されなくなるのです。なんとも悲しいことです。もちろん、私たちが生きていくために必要なダムもあるでしょう。しかし、ダムがない川が検討されてもよいのではないでしょうか。日本でも安全性を確保し、より自然に近

コンクリートで固められた河川

づけた多自然川づくりが実践されています。今後がますます期待されます。

☆エコロジカル・フットプリントと三つのシナリオ

エコロジカル・フットプリントとは、人類の活動が地球環境に与える負荷を、資源の再生産と廃棄物の浄化処理に必要な土地の面積として、表したものです。つまり、人類が生きていくために必要なエネルギーを土地の面積に換算したもので、人類がどれだけ生態系に負荷をかけているのかを知ることができます。2005年の世界のエコロジカル・フットプリントは、175億グローバル・ヘクタール(gha)で、1人当たりのエコロジカル・フットプリントは、2.7ghaでした。

グローバル・ヘクタールとは、世界の生物生産力

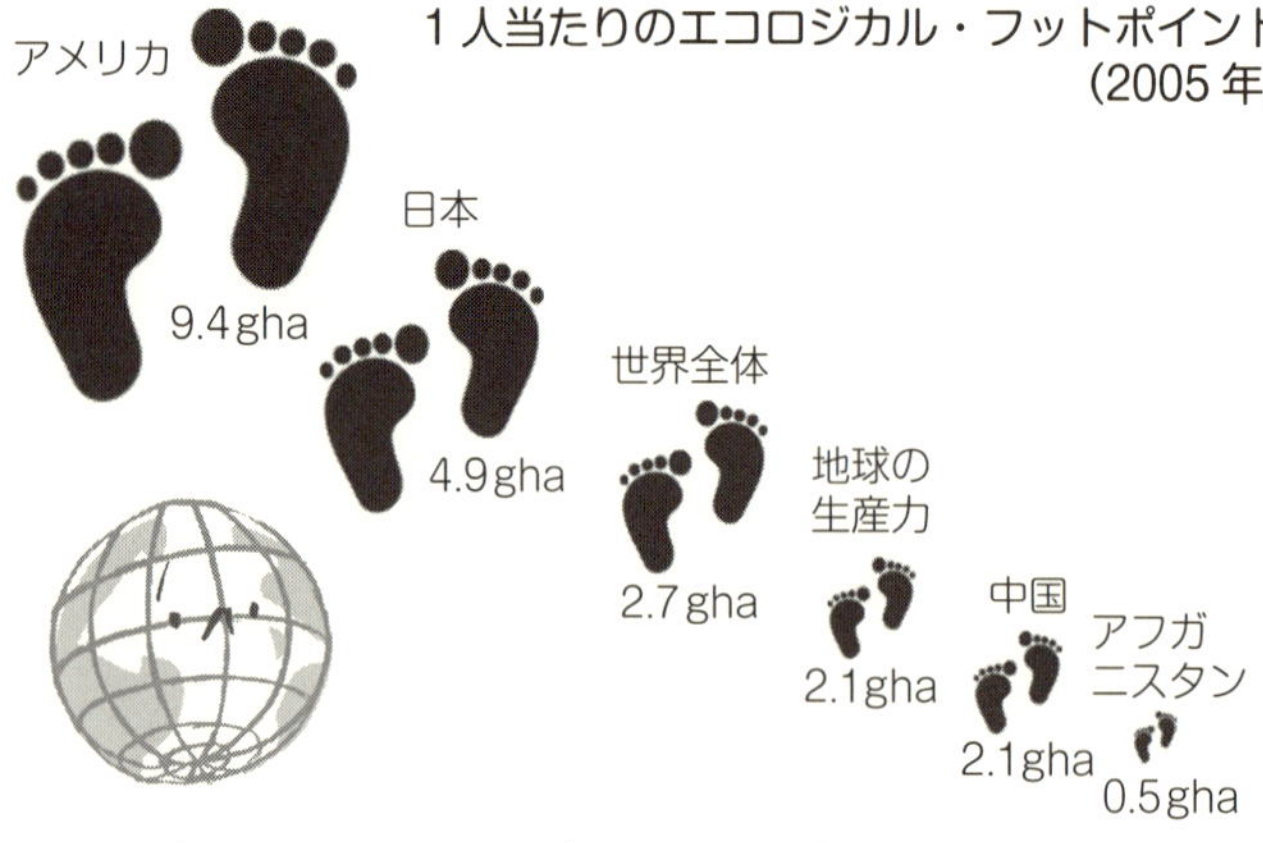

(数値の出典:「WWF 生きている地球レポート 2008 年版」)

を平均した１ha（１００m×１００m）の土地のことです。私たちは森や畑、湖、川など土地からの恵みを得ていますが、この面積の世界合計が１３６億haあります。しかし、実際は同じ１haでも森や川、畑ではそこから得られる生物の生産量はまちまちのため、仮にどこでも一定と考えて計算した場合の土地の単位を意味します。

世界全体で１３６億ghaしかないのに、１７５億ghaも使っているということは、約30％オーバーしています。つまり、地球１個の生物生産力では足りない計算になるのです。これでは地球の恵みを過剰に摂取しており、持続できません。人類のフットプリントは、１９８０年代にはじめて、地球の生物生産力を超え、さらに年々増加しています。

このままでは人類の未来は厳しいのです。

そこで、三つのシナリオが想定されています。

地球いくつ分の生活をしてますか？

あなたの暮らしが、地球をいくつ必要としているのか、
チェックしてみましょう！

NPO法人エコロジカル・フットプリント・ジャパンの
ホームページより簡単に診断テストができます。

http://www.ecofoot.jp/quiz/index.html

A：このまま消費しつづける↓
地球が2個必要になる
B：ゆるやかに対策をして少しずつ減らす↓
2070年ごろには地球1個分の生活となる
C：対策をしっかり実施するように舵をきる↓
2040年には地球1個分の生活となる

この三つのうち、どれを選択するのか。それは今の私たちに託されています。

人類をこのまま絶滅の谷へと落とすのか、それとも絶滅を回避するのか。それは、今生きている私たちにかかっているのです。

幸か不幸か、それを選べる分岐点に私たちは立っています。どちらへ一歩踏み出すのか、一人ひとりが考え行動するときが来ているのです。

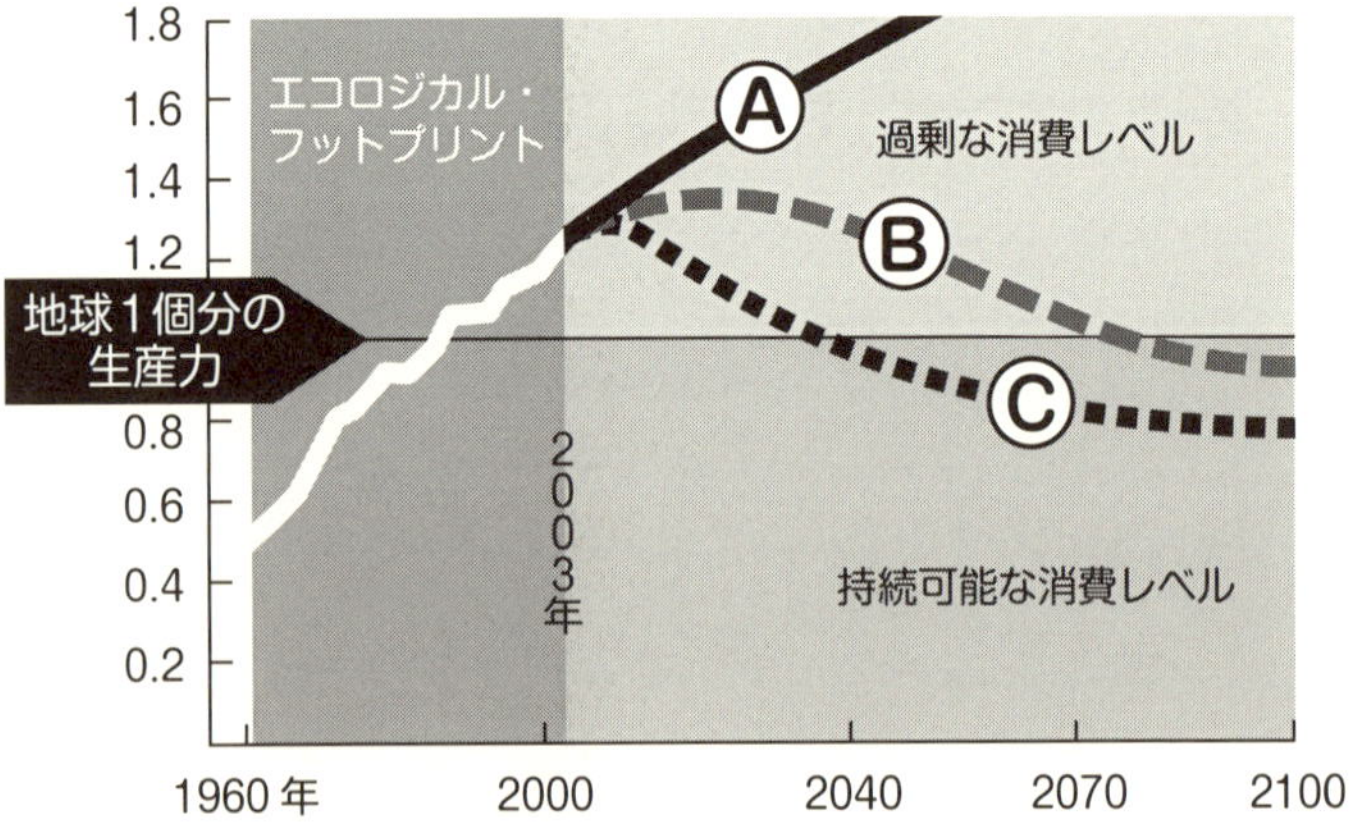

持続可能な世界へのシナリオ（出典：WWF）

どうして生物多様性は失われたの？

では、なぜ生物多様性は失われてしまったのでしょうか。大きく四つの原因にまとめられます。

1　生き物の生息地を破壊してしまった
2　人間が手を入れなくなってしまった
3　生態系の質を変えてしまった
4　地球を温暖化させてしまった

一つ目の原因については、干潟の埋め立てや、宅地開発のための森林破壊、道路建設による森の分断などにより、生き物の生息地を破壊してしまいました。また、蛇行し両岸に水辺の植物が生育していた

道路により分断された森

川を、直線化し、コンクリートで三面を固めたり、太陽の光が当たらない地下に押し込めてしまいました。

　二つ目の原因については、人間の生活が変わり水田を耕作しなくなったことで、水辺がなくなり、カエルやトンボなど水辺を必要とする生き物が生きていけなくなりました。里山と呼ばれる森も、人間が木を切るなど手を入れることで、明るい森を好む植物が生えていましたが、今は竹の侵入によりほかの植物の根が切断され、竹しか生えない生物多様性の低い森に変わってしまいました。

　三つ目の原因については、外来種と呼ばれる、もともとそこにいない生き物を、人間がほかのところから持ち込むことによって起こります。沖縄や奄美大島では、ハブ対策として持ち込まれたマングースにより、日本の固有種であるアマミノクロウサギや

里山の荒廃

オキナワトゲネズミ、ヤンバルクイナなどが絶滅に追い込まれつつあります。また、農薬や化学肥料、不法投棄などによる有害物質など、化学物質による土壌汚染も、生態系の質を下げる原因になっています。

四つ目の原因は、地球温暖化です。地球の歴史において、温暖化と寒冷化を繰り返すことは自然の摂理です。しかし、近年の人間の経済活動による急激な温暖化に、生き物たちが追いつけず、結果として多くの種を絶滅に追いやっているのです。温暖化により花が早く咲くようになると、花粉を運んでくれる昆虫が花の時期に間に合わず、花は受粉してもらえなくなります。氷河期時代からの生き残りとされているライチョウは、温暖化によって麓から上ってくる野生動物に捕食されやすくなるなど、生息地がより一層縮小しています。また、生態系のメンバー

地球温暖化の現状

世界平均気温	2005年までの100年間に世界の平均気温が0.74℃上昇。北極の平均気温は過去100年間で世界平均の上昇率の２倍近い速さで上昇
干ばつ	1970年代以降、特に熱帯地域や亜寒帯地域で干ばつの地域が拡大。激しさと期間が増加
氷河、積雪面積	南北両半球とも、山岳氷河と積雪面積は平均すると縮小
暑い日、熱波	発生頻度が増加
大雨現象	発生頻度が増加
寒い日、寒い夜＆霜が降りる日	発生頻度が減少

出典：IPCC 第４次評価報告書より　21年度環境白書

の一員である私たち日本人にとっても、温暖化は無縁ではありません。熱帯地域特有のマラリアやデング熱などを媒介する蚊に刺され、発病する可能性が高くなるのです。

世界的な環境意識の高まり

☆沈黙の春

１９６２年、レイチェル・カーソン女史の『沈黙の春』が出版されました。農薬を散布すると、害虫は死にます。しかし、その代償としてそれを餌とする鳥たちは生きていくことができず、鳥のさえずりも聞こえない春を迎えることになるのです。ＤＤＴをはじめとする化学的な農薬散布は、めぐりめぐって人間にも悪影響を与えると、警鐘を鳴らしまし

た。少しでも収益を上げようと害虫を駆除し、また農薬を散布していた農家にとっても、また農薬に害がないと思っていた多くの市民にとっても、衝撃的な本だったのです。

この本をきっかけに、先進国における環境意識が高まるようになりました。

☆環境意識の高まり

１９７１年2月、埋立てにより消えていく水辺や干潟を守り、かつ持続的に利用するようにと、ラムサール条約が採択されました。

１９７2年に、環境問題について１１３ヶ国が参加した、世界初のハイレベル政府間会合がストックホルムで開催され、「人間環境宣言」を採択しました。そこには「自然環境と人工的環境の両者が、福祉、基本的人権、生存権の享受のために不可欠であ

年	世界の出来事
1962	『沈黙の春』
1971	ラムサール条約（日本は 1980）
1972	世界遺産条約（日本は 1992）
	「国連人間環境会議」ストックホルム会議
1973	ワシントン条約（日本は 1980）
1982	国連環境計画（UNEP）特別理事会（ナイロビ）
	「環境と開発に関する世界委員会」設置（日本が提案）
1984	概念「持続可能な開発」を提唱
1987	報告書「我ら共通の未来（Our common Future）」
1992	地球サミット

る。そして、環境の保護と改善が全ての政府の義務である。」と、明記されています。これをきっかけに、同年、ユネスコ総会では「世界の文化遺産および自然遺産の保護に関する条約」（世界遺産条約）が採択され、国連環境計画（UNEP）が設立されるなど、ストックホルム会議のテーマであった「Only One Earth」（かけがえのない地球）を認識し、世界が環境保全へ行動を移していく大きな原動力となったのです。

☆国土開発をすすめる日本

ところが、日本ではそのころ、のちに首相となる田中角栄氏の『日本列島改造論』が出版され、日本の国土は大きく変わろうとしていました。当時の日本は、鉄道や道路をつくり、地方の工業化をすすめることに躍起になっており、ラムサール条約にも世

（出典：田中角栄『日本列島改造論』日刊工業新聞社、1972）

界遺産条約にも加入しませんでした。

また、１９７３年に採択された「絶滅のおそれのある野生動植物の種の国際取引に関する条約」（ワシントン条約）についても、印鑑に象牙を使用していたり、べっ甲細工にウミガメのタイマイを使用していたことから、批准しませんでした。

☆持続可能な開発

１９８０年に入り、経済で世界に肩を並べるようになり、ようやく日本もラムサール条約やワシントン条約に加入しますが、環境では遅れている国であるイメージは拭えませんでした。

そこで、政府は、１９８２年の国連環境計画特別理事会において、「環境と開発に関する世界委員会」を設置することを提案します。それが受け入れられ、１９８４年に委員会は設置され、その概念とし

年	日本の出来事
1972	『日本列島改造論』
1980	ラムサール条約 ＆ ワシントン条約批准
1982	「環境と開発に関する世界委員会」設置を提案
1987	総合保養地域整備法（リゾート法）
1991	バブル経済の終焉
1992	世界遺産条約批准

て「持続可能な開発」が提唱されました。

そして1987年、同委員会の報告書（ブルントラント報告書）「Our Common Future」（我ら共通の未来）を公表し、「将来の世代の欲求を満たしつつ、現在の世代の欲求も満足させるような開発」として、環境と開発を互いに反するものではなく、共存しえるものとして考えていくことが、提唱されました。

☆あいかわらず遅い日本の対応

そのような報告書が出された年、日本では総合保養地域整備法（リゾート法）が制定され、豊かな自然が環境影響評価（環境影響評価法制定は1997年）もされないまま開発されていきました。そして、80年代後半から続く好景気との相乗により、山林に高額な値段が付き、土地の価格上昇に拍車がかかっ

環境と開発に関する世界委員会
World Commission on Environment and Development（WCED）

↓

ブルントラント報告書「Our Common Future」
（議長を務めた元ノルウェイ首相のブルントラント女史の名前を冠した）

↓

「ニーズ」と「限界」を認識

↓

新しい概念
「持続可能な開発」Sustainable Development
という考えが生まれる。このときから、使われるようになった。

ていきました。

そして１９９２年、バブル経済が大きく崩れていきました。

そのような年の６月、地球の未来を大きく転換する会議となった地球サミットが、ブラジルのリオデジャネイロで開催されたのです。

☆大転換の地球サミット

１９９２年、リオデジャネイロで、地球の未来を大きく転換することとなった「環境と開発に関する国際連合会議」が開かれました。たがいに戦争をしている国もあるなかで、地球の未来について話し合うため、世界の国が一堂に会したのです。通称「地球サミット」。

私たちが、自然環境を破壊して豊かな生活を得てきたことが、結果として自分たちの首を絞めて

地球サミット　伝説のスピーチ

１２歳のカナダの女の子セヴァン・スズキさんが地球サミットで
世界中の人に問いかけました。

どうやって直すのかわからないものを、壊し続けるのはもうやめて下さい。

あなたたちも誰かの母親であり、父親であり、姉妹であり、兄弟であり、おばであり、おじなんです。そしてあなたたちの誰もが、誰かの子どもなんです。

何を言うかではなく、何をするかでその人の値うちが決まる、と言います。しかしあなたたち大人がやっていることのせいで、私たちは泣いています。あなたたちは、いつも私たちを愛していると言います。もしその言葉が本当なら、どうか、本当だということを行動で示して下さい。

リオの伝説のスピーチ（翻訳：ナマケモノ倶楽部）より抜粋

いたことに気づきました。それは一国だけのことではなく、各国がともに対策を講じなければ解決できない大きな問題だったのです。そして、人類がより長く生き延びていくために、二つの条約が提案されました。一つが温暖化問題としてよく知られており、京都議定書の基となる「気候変動に関する国際連合枠組条約」(気候変動枠組条約 :United Nations Framework Convention on Climate Change 略称 :UNFCCC、FCCC)、そしてもう一つが「生物の多様性に関する条約」(生物多様性条約 :Convention on Biological Diversity 略称 :CBD)で、地球の未来を良くするための両輪として考えられました。

また、条約には至らなかったものの、「全ての種類の森林経営、保全及び持続可能な開発に関する世界的合意のために法的拘束力のない権威ある原則

1992年　地球サミット
(リオデジャネイロ)

・気候変動枠組条約
　→ COP3 (1997) 京都議定書採択→発効 (2005)
・生物多様性条約
　→カルタヘナ議定書 (1999)
・森林原則声明
・環境と開発に関するリオ宣言 : 27の原則
・アジェンダ21

声明」（森林原則声明）が、森林問題について、世界ではじめて合意されました。そして、「環境と開発に関するリオ宣言」として27の原則（第3章参照）が表明され、それらを実行するための行動計画となるアジェンダ21が策定されました。

　このサミットが、今まで環境を意識してこなかった人類に対して、基となる考え方の大転換（パラダイムシフト）を起こしたのです。そして「持続可能な開発」(Sustainable Development)が、キーワードとしてさまざまなところで言われるようになったのです。

　温暖化の問題は、CO_2やNOxといったように、元素記号で書ける世界共通の話であったり、実際に海水面の上昇による人々への影響が切実に出ていたり、氷河の後退、測定による数値化など、目に見えてわかりやすく、かつ確実な数字が測定できるた

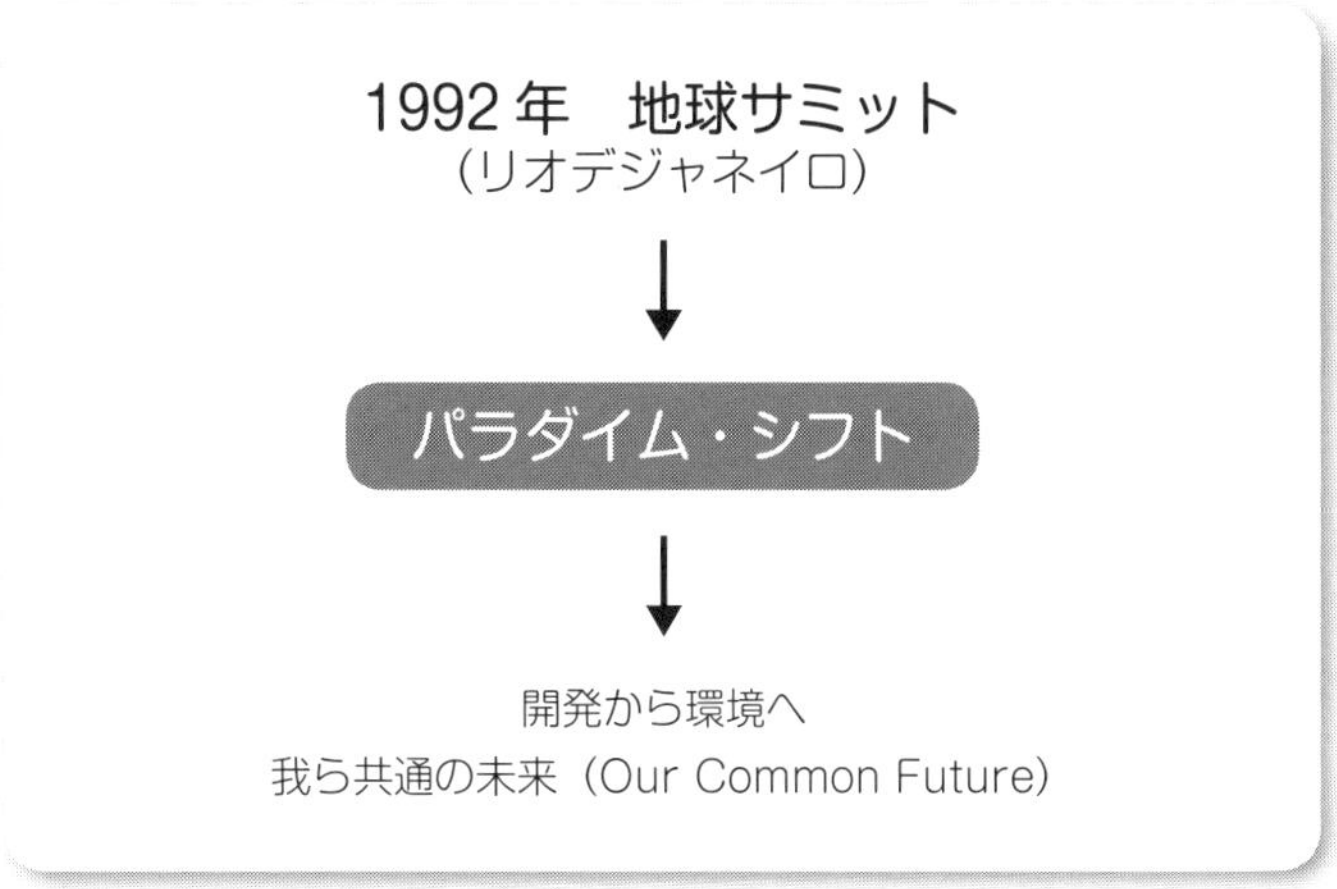
1992年　地球サミット
（リオデジャネイロ）
パラダイム・シフト
開発から環境へ
我ら共通の未来（Our Common Future）

め、広く理解されていきました。また、車の温暖化物質の排出を減らすことが、大きなビジネスチャンスにつながることから、経済界においても強い関心の的となりました。

一方、生物多様性条約は、生物の生息環境をそれぞれの国で守ることとされ、国によって対策が異なるため共通の話をしにくかったり、食料問題や女性問題、民族の問題など、さまざまな課題が生物多様性条約の中にあり、かつ直接ビジネスとつながりにくいため、なかなか対策が進みませんでした。

しかし近年では、生物多様性に配慮した活動をしている企業に、多くの人が賛同するようになりました。企業が発展しても、働く人の生活が生物多様性の損失とともに崩壊しては、元も子もありません。企業の社会的責任として、ますます環境を柱に据えた活動が期待されます。

●生物多様性の言葉の認知度

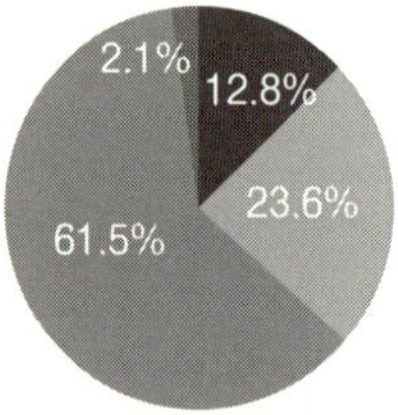

■言葉の意味を知っている

■意味は知らないが、言葉は聞いたことがある

■聞いたこともない

■わからない

●生物多様性に配慮した企業への評価

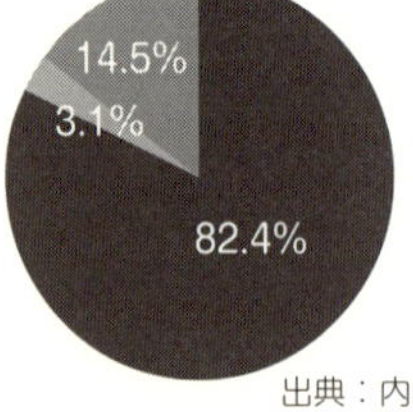

■評価する

■評価しない

■わからない

出典：内閣府「平成 21 年 6 月調査　環境問題に関する世論調査報告書」

動きだした日本の環境政策

☆92年の日本

１９９２年、日本では、１月に大型店舗を郊外に出店することを規制していた法律が緩和され、これをきっかけに大型店舗がどんどん郊外に出店されていきました。その結果、郊外の水田が宅地にされ、また森は切り開かれ、地域の自然環境にダメージを与えました。そのうえ、中心街の空洞化も引き起こしたのです。

２月には、２００５年に開催されることとなる愛知万博の立候補に向けて、会場を愛知県の海上《かいしょ》の森にすることが発表されました。これにより、自然を保護したいと思う市民と、開発を容認する市民との間で大きな議論が起きました。

1992 年の日本

月日	出来事
1 月	改正大規模小売店舗法の施行
2 月	愛知県万博会場に海上と発表 (97 年開催決定　00 年会場変更　05 年開催)
6 月 3 日～ 14 日	地球サミット
6 月 15 日	PKO 法案成立
7 月 25 日～ 8 月 9 日	バルセロナオリンピック
9 月 12 日～ 20 日	毛利衛さん宇宙へ

そして6月、「戦争は持続可能な開発を破壊する行為である」と明記されたリオ宣言が採択された翌日、湾岸戦争へ協力するためのPKO法案を成立させたのです。

7月には、バルセロナオリンピックが開催されました。選手や大会関係者が「地球への誓い」(Earth Pledge)に署名し、この大会から、地球を保護することを公約に、オリンピックにおいても環境対策を実施することがはじまったのです。

9月には、日本の科学者としてはじめてスペースシャトルで、毛利衛さんが宇宙に飛び出して行きました。

☆92年その後

1992年の地球サミットを契機として、日本では一気に環境に関する法律が整備されていきまし

1992年その後(その1)

年	出来事
1993	環境基本法制定
1994	環境基本計画
1995	生物多様性国家戦略(10月31日)
1997	包装容器リサイクル法制定
1998	家電リサイクル法制定
1999	PRTR法成立(特定化学物質の環境への排出量の把握等及び管理の改善の促進に関する法律)
2000	ダイオキシン類特別措置法施行

た。特に、１９９３年には、環境政策の根幹となる環境基本法が制定されました。

１９９５年には、生物多様性国家戦略がつくられました。

２００１年に環境庁は環境省になり、その後、２００３年に自然再生推進法、環境保全・環境教育推進法、２００４年に景観緑三法、２００５年には特定外来生物法、国土形成計画法と環境保全に関する法律が次々と施行され、各省庁や地方自治体においても、生物多様性を取り入れて実践していくための環境が整ってきました。また同年には、国連持続可能な開発のための教育10年を日本が中心国として、担っています。

そして２００８年、生物多様性基本法が制定されました。この法律には、憲法にはついているが、通常の法律にはついていない、前文がついています。

1992 年その後（その 2）

年	出来事
2001	環境省発足（71 年環境庁）
	資源有効利用推進法（3R）
2002	新・生物多様性国家戦略（3 月 27 日）
2003	自然再生推進法施行／環境保全・環境教育推進法
2004	景観緑三法
2005	特定外来生物法施行／国連持続可能な開発のための教育 10 年／国土形成計画法
2007	第三次生物多様性国家戦略
2008	生物多様性基本法

前文には、人類は、生物の多様性のもたらす恵沢を享受することにより生存していて、生物の多様性は人類の存続の基盤となっているということ、そしてそれが、地域における固有の財産として、地域独自の文化の多様性をも支えているということを明記しています。そして、人類共通の財産である生物の多様性を確保し、その恩恵を将来にわたり享受できるよう、次の世代に引き継いでいく責務があると、リオ宣言の内容を記載し、持続可能な社会の実現に向けた新たな一歩を踏み出さなければならないと表明しています。本来であれば、憲法に明記されるべきことなのですが、この法律の前文によって、それを補完したものとなっているのです。

そして、２０１０年、愛知県名古屋市で生物多様性条約第10回締約国会議（ＣＯＰ10）が開催されることになりました。

生物多様性基本法　前文

・生物多様性が人類の生存基盤のみならず文化の多様性をも支えており、国内外における生物多様性が危機的な状況にある。

・人類共通の財産である生物の多様性を確保し、そのもたらす恵沢を将来にわたり享受できるよう、次の世代に引き継いでいく責務を有する。

・今こそ、生物の多様性を確保するための施策を包括的に推進。

・生物の多様性への影響を回避し又は最小としつつ、その恵沢を将来にわたり享受できる持続可能な社会の実現に向けた新たな一歩を踏み出さなければならない。

COP10と今後の取り組み

☆2010年は何の年？

２０１０年は国連で定めた国際生物多様性年です。生物多様性と地球温暖化対策は、地球を救う方策の両輪として、１９９２年地球サミットで話し合われました。しかしながら、温暖化対策だけが先に進んでしまい、温暖化対策のために種の多様性が失われることも起きています。バイオエタノールやパームオイルを生産するため、アマゾンのジャングルやボルネオの熱帯雨林が伐採されているのはその一例です。これは、二人三脚で走っていた二人が、片方だけ猛スピードにしかも違う方向に走ってしまったようなものです。これでは、いずれ転倒してしまい、いっしょにゴールすることは難しいでしょ

2010年 国際生物多様性年

う。転倒してしまう前に、もう一度歩調を合わすことが必要です。それが、まさに、この2010年になるのです。

なぜなら、2010年は、気候変動枠組条約にとっても、生物多様性条約にとっても最初の目標年度なのです。ともに、2010年までに温暖化の原因となっている二酸化炭素の排出量を減らす、生物の絶滅スピードを緩めることが目標となっています。しかし残念ながら、ともにその当初の目標を、達成できそうにありません。

だからといって、落ち込んでいる場合ではありません！　この2010年は、もう一度、生物多様性と温暖化を一つの問題として捉え、新たな一歩を踏み出す良いチャンスなのです。まずは一人ひとりが生物多様性条約について知り、温暖化対策と合わせて行動することが求められます。

2010年ってどんな年？

★「2010年目標」の年

「2010年までに、生物多様性の損失速度を顕著に減少させる」

2002年（COP6）

★ 国際生物多様性年

★「気候変動枠組条約」の目標年度

★ 新たな目標：2011～2020年までの戦略

★ 生物種保全の個別数値目標を定める予定

☆生物多様性条約とは

生物多様性条約には、大きく三つの目的があります。

一つ目は、自然を守ろう、ということ（保全）。そのためには三つの視点が大切です。①生態系の多様性。砂漠には砂漠にしか生息できない生き物が生息しています。地球には、サバンナ、ジャングル、ツンドラなど、さまざまな生態系があるのです。②種の多様性。パンダ、ゴリラ、アフリカゾウ、というように、さまざまな種がいるということ。③遺伝子の多様性。小型のチワワ、短足胴長のダックスフント、大型のゴールデンレトリバーは、互いに繁殖できる同じイヌでも、体型の異なるさまざまな遺伝子があるということです。この三つの視点から保全していくことが求められます。

二つ目は、ずーっと使えるようにしましょう、と

生物多様性条約の目的

1. 保　全（自然を守ろう）
   - 生態系の多様性
   - 種の多様性
   - 遺伝子の多様性
2. 持続可能な利用（ずーっと使える）
3. 遺伝資源の利用による利益の公正で衡平な分配（みんなで分けましょう）

いうこと（持続可能な利用）。自然の恵みを持続的に利用するためには、里山の再生や、有機農業への支援、何より、無駄遣いをなくし、もったいないという気持ちを大切にすることです。

三つ目は、みんなで分けましょう、ということ（遺伝資源の利用による利益の公正で衡平な分配）。先進国が、発展途上国から資源を吸い取り、その利益を途上国に還元していないことが多いのです。もう自分たちだけ良ければいいという考え方ではなく、みんなが豊かに暮らしていける仕組みを、考え実行することが求められています。

☆生物多様性条約第10回締約国会議

生物多様性条約第10回締約国会議は、２０１０年10月11日から3週間にわたって開催されます。

1週目は5回目の議定書会議、ＭＯＰ5が開催されます。２週目からはＣＯＰ10の開催となり、最後の３日間は、閣僚級会議となります。

会議では、生物多様性条約に加盟している１９３ヶ国および欧州共同体（ＥＵ）の代表者、国連関係の団体、ＮＧＯによって、条約の内容や条約を実現していく具体的な方法について、議論されます。世界の国の数は１９３ヶ国、国連加盟国は１９２ヶ国ですから、ＣＯＰ10は、世界中の国が加盟している、環境に関する最大級の条約会議になるのです。

条約には、各国の取り組みに対する段階に、名称がついています。条約の内容に基本的に賛同し、署名をすると「署名国」となります。この段階では、法的に拘束されず実行の義務もなく、会議での議決権もありません。その後、条約を国会で審議、承認し、国際的に宣言すると「批准国」となります。批

生物多様性条約第 10 回締約国会議（名古屋）

★開催期間
2010 年 10 月 11 日（月）～ 10 月 29 日（金）

10 月 11 日（月）～ 15 日（金）	カルタヘナ議定書第 5 回締約国会合（COP/MOP5）
10 月 18 日（月）～ 29 日（金）	生物多様性条約第 10 回締約国会議（COP10） （10 月 24 日～ 26 日：自治体会議）
10 月 27 日（水）～ 29 日（金）	閣僚級会議

准国になると、条約の実行と進捗状況の報告義務が発生し、責任ある行動をとる国として、会議での議決権を持つことができます。また、条約の署名期間終了後に条約に入る場合は、「加入国」となります。この署名国と加入国、批准国を合わせて、締約国となります。面積の小さなアンドラ公国とバチカン市国が未加入としても、大国のアメリカがいまだ署名国のため、早く批准国となることが望まれます。

☆COP10ってなぁに?

ところで、COP10とは何のことでしょうか。COPとは、Conference Of the Parties の頭文字で、コップと呼びます。

これは、条約に加盟している締約国の会議のことです。なので、最近クロマグロの捕獲について問題になったワシントン条約の会議もCOPだし、湿地

COP10ってなぁに?

Conference Of the Parties

条約の締約国会議

COP10 → 10回目の締約国会議

を保全するラムサール条約の会議もＣＯＰなのです。そして、その会議の開かれた回数をＣＯＰの次に明記するので、ＣＯＰ10とは、10回目の締約国会議（10th Session of the Conference of the Parties）ということになります。

生物多様性条約は、The Convention on Biological Diversityなので、略すとCBDとなり、生物多様性条約第10回締約国会議は、ＣＢＤ－ＣＯＰ10となります。ちなみに、国連気候変動枠組条約はUnited Nations Framework Convention on Climate Changeとなるので、略すとＵＮＦＣＣＣもしくはＦＣＣＣとなります。２００９年に気候変動枠組条約のＣＯＰ15がコペンハーゲンで開催され、２０１０年に日本で生物多様性条約のＣＯＰ10が開催となったため、年がたったのに、なぜＣＯＰが15から10に回数が減ったの？　と思われた方

COP10で何が話されるの？

★ 自然環境の保護、保全について

★ 遺伝子の組み換えについて

★ 生物資源の利用と利益配分について
先進国と発展途上国との間の溝

など

も多かったようです。FCCC-COP15や、CBD-COP10と記載してくれれば、誤解も少なかったことでしょう。

☆MOP5ってなぁに？

英語で、議定書の会合のことを、Meeting of the Parties と表記するため、その頭文字をとってMOP（モップ）と呼ばれています。

また、議定書（protocol）とは、条約を具体的に落とし込み、条約の会議で定めた書類としてまとめたものです。特に有名なのが、日本の地名がついた、京都議定書ではないでしょうか。これは1997年京都で行われた気候変動枠組条約（FCCC-COP3）で採択されたものです。

生物多様性条約にも同様に、議定書があります。それが、カルタヘナ議定書（Cartagena Protocol

MOP5 ってなぁに？

Meeting Of the Parties

議定書の締約国の会合
議定書：会議で定めた書類

生物多様性に関する条約のバイオセーフティに関するカルタヘナ議定書
（1999 年コロンビア）

MOP5 → 5 回目の議定書の締約国の会合

on Biosafety）です。遺伝子組み換えの植物や動物など（LMO：Living Modified Organism）が、国境を越えて移動するときの手続きなどを定めた国際的な枠組みです。１９９５年に開催された生物多様性条約第２回締約国会議で議定書の検討を行うことが合意され、１９９９年コロンビアのカルタヘナで開催された特別締約国会議で内容が討議され、翌２０００年に再開された会議で採択されました。生物多様性の概念は大変広いので、これは遺伝子組み換え生物だけに関する議定書で、正式名称を「バイオセーフティに関するカルタヘナ議定書」といいます。２００３年９月に発効し、２０１０年２月現在、１５７の国および地域が批准・締結しています。

議定書は、遺伝子組み換え生物（ＬＭＯ）の輸出入（人間用の医薬品を除く）に当たり、①栽培用の

1992	生物多様性条約の採択		
	生物多様性の保全	生物多様性の構成要素の持続的な利用	遺伝資源の利用から生じる利益の公平かつ衡平な分配
2000 [COP5]	エコシステムアプローチ：土地、水資源、生物資源を総合的に管理するための戦略。12 原則＋５運用指針		
2002 [COP6]	世界分類学イニシアティブ作業計画		
	世界植物保全戦略 外来種対策指針原則		ボン・ガイドライン
	生物多様性条約戦略計画・２０１０年目標		
2004 [COP7]	保護地域に関する作業計画	生物多様性の持続可能な利用に関するアジスアベバ原則及びガイドライン 生物多様性と観光開発に関するガイドライン	
2006 [COP8]	生物多様性条約戦略計画の指針 地球規模生物多様性概要第２版（GBO2）の公表		
2008 [COP9]	バイオ燃料を含む農業と生物多様性、海洋及び沿岸の生物多様性、気候変動と生物多様性などを議論。「ビジネスと生物多様性イニシアティブ」の「リーダーシップ宣言」。		遺伝子資源へのアクセスと利益配分に関する国際的枠組みの検討プロセスを議論

出典：環境省、国際自然保護連合（IUCN）日本委員会資料「環境白書 21 年度」を改変

種子など、環境中に意図的に放出されるものについては、事前に輸入国に通報し、輸入国の合意を必要とすること、②食用・飼料用・加工用の穀物などについては、その遺伝子組み換え生物の国内利用について、最終的に決めた締約国は、バイオセーフティに関する情報交換センター（BCH）を通じて、その決定をほかの締約国に通報すること、そして輸入国は自国の国内規制の枠組みに従い、輸入について決定することができることなどが決められています。

日本はこの議定書を国内で実施するため、2003年6月に「遺伝子組換え生物等の使用等の規制による生物の多様性の確保に関する法律」（カルタヘナ法）を制定しました。

COPでは、この議定書についても第1週目に会合が開催されます。

NGO ブース　世界の人と交流

☆ＣＯＰの様子

今回のＣＯＰ10には、８０００人ほどが集まるとの予測です。そこには、条約を担当する役人だけでなく、ＮＧＯやＮＰＯなど民族衣装を着飾った人たちも、世界各地から足を運んできます。ＮＧＯやＮＰＯの参加も認められている、めずらしい条約会議なのです。あらかじめ所属団体を通じ、条約事務局に登録した人のみが入れる建物もありますが、誰でもが入れる場所にはブースや舞台が設営され、イベントなどが実施されます。

会場では、条約で決議する文面について議論する会議や、食料問題、里山の問題、海の問題、森林伐採の問題、南北格差の問題、貧困問題、女性問題など、さまざまなテーマの議論が繰り広げられます。各会議室の外のロビーでは、ＮＧＯなどがキャンペーンを繰り広げ、条約の会議の動向を見ながら、

企業ブース　生物多様性に積極的に取り組むグッド・カンパニーズのブース（P.74 参照）

自分たちの主張をアピールしたりするのです。また、会議の決定事項は、随時印刷されテーブルに配布されます。テーマごとの会議が、各部屋に分かれて行われ、メインホールでも、いろいろなことが決議されていきます。会場内には、メディアセンターが設置され、設置されているPC以外に、参加者がそれぞれ自分のPCで仕事をし、世界に情報を随時送っています。

また、外の会場では、一般の人たち向けのさまざまなブースが、NGOやNPOまた行政、企業などにより出展されます。音楽あり、ディスカッションあり、手づくり作品の展示ありと、さまさまな趣向で生物多様性について知ることができます。

☆新たな目標

2010年の目標年に達し、新たな目標を立てな

エコバス　車の中からさまざまな実験道具や標本、剥製が出てきて、子どもから大人まで楽しめる工夫がされている。

くてはいけません。そこで、COP10の議長国である日本が、ポスト２０１０年目標の案を策定しました。政府は、有識者、NGO、経済界、そして国民にHPなどを通じパブリックコメント（行政が広く意見を求め、国民が意見書を提出することができる）を募集し、各地でヒアリングを実施し、意見をとりまとめ、２０１０年1月6日に、生物多様性条約事務局に書類を提出しました。

　その日本が提案した、ポスト２０１０年目標（ANIEC２０１０）とはどういうものなのでしょうか。

　２０５０年までの中長期目標、２０２０年までの短期目標。そしてその目標を達成するための、個別目標が提案されています。

・２０５０年までの中長期目標

「人と自然の共生を世界中で広く実現させ、生物多

COP10で決定される予定「2010年以降の条約の戦略計画」の構造

ビジョン（2050年目標）

↓

自然との共生する社会

2050年までに、生物多様性（私たちの自然資本）が評価され、保全され、回復され、そして賢明に利用され、それによって健全な地球が維持され、全ての人々に不可欠な恩恵が与えられる世界

ミッション（使命）

２つのオプション

2020年までに、生物多様性への圧力が軽減され、転換点（tipping point）を回避する

５つの戦略目標

２０の短期目標（2020年目標）

様性の状態を現状以上に豊かなものとするとともに、人類が享受する生態系サービスの恩恵を持続的に拡大させていく。」

・2020年までの短期目標

「生物多様性の損失を止めるために、2020年までに、

①生物多様性の状態を科学的知見に基づき地球規模での分析・把握する。生態系サービスの恩恵に対する理解を社会に浸透させる。

②生物多様性の保全に向けた活動の拡大を図る。将来世代にわたる持続可能な利用の具体策を広く普及させる。人間活動の生物多様性への悪影響を減少させる手法を構築する。」

2050年の世界では、自然と共に人が暮らしていて、自然からの恵みをより多くの人が、そして未来の子供たちも、安心して得られるようになってい

未来をつくるのは 今生きている私たち！

2050年にむけて、2010年のさまざまな動き

1. 「地球規模生物多様性概況 第3版」(GBO3)
残念ながらすべての要素で損失が継続

2. 「都市と生物多様性市長会議」が開催
身近な環境を守ることが、地球を守ること

3. 里山がSATOYAMAに！　水田がTANBOに！
里山や田んぼが英語となり、世界に認知

4. 行動こそが、明日の未来！
未来を良くするも悪くするも、あなた次第

ることでしょう。そのために、２０２０年では、地球から得られる多くの恵みについて誰もが知っていて、その現状の分析ができ、そして生き物の保全活動が広がっていなければなりません。

生物多様性を守る方策と変化のきざし

☆ビオトープ・ネットワーク

生物多様性の保全に向けて、さまざまな動きが出てきました。その一つにビオトープ・ネットワークがあります。ビオトープ（Biotop）とは、生き物の生息地を意味します。森、川、水田はもちろん街路樹一本も、アリやチョウなどの虫や、鳥などの大切な生息場所です。また街にも、人をはじめとする

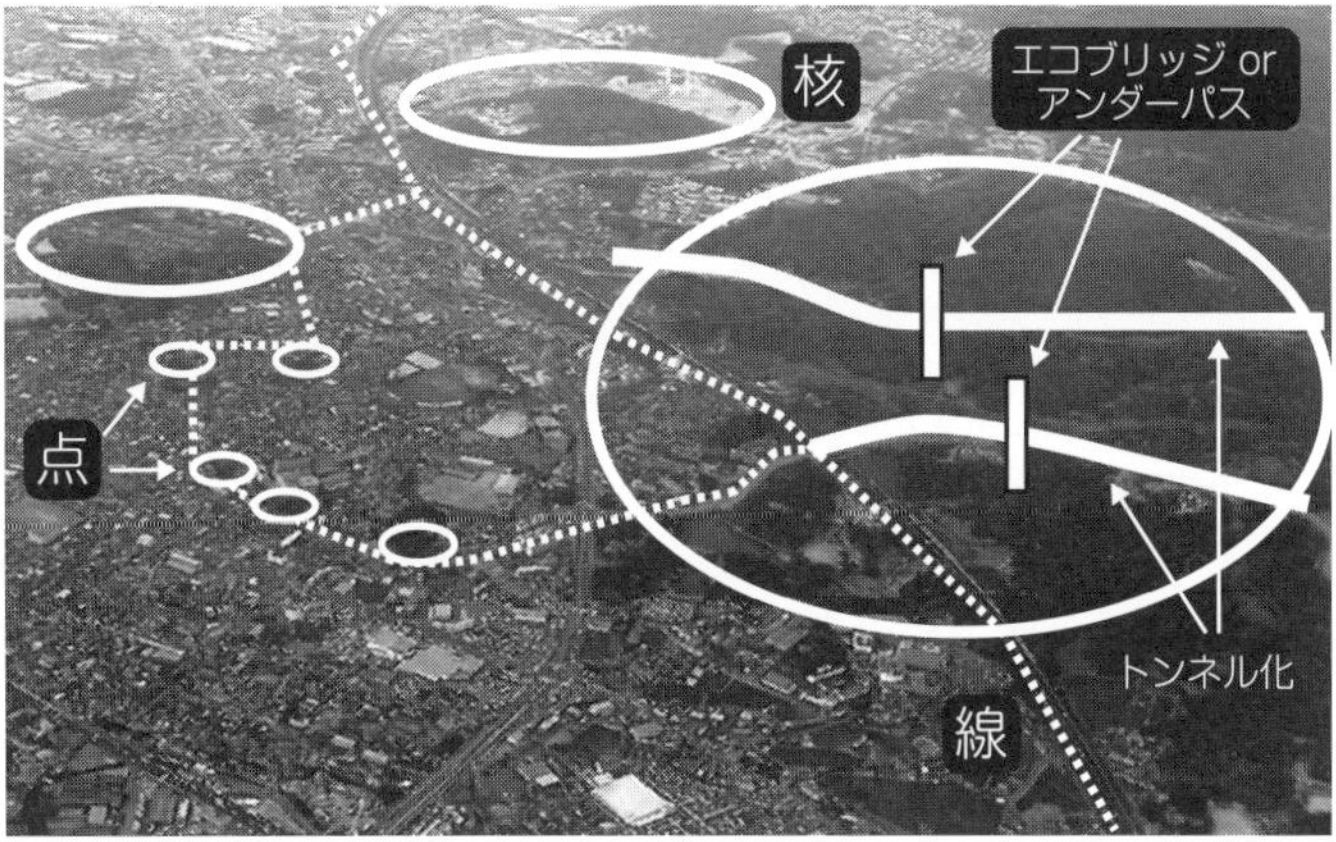

ビオトープ・ネットワーク

さまざまな生き物が生息しています。なので、これらはすべてがビオトープなのです。ビオトープの事業をすることは、人を含め多くの生き物と共に地球上で生きていけるように、自然環境を保護、保全、復元、創出することなのです。創出とは、自然が失なわれた場所に、最後の手段として、周辺に昔から存在している自然を新たに創り出すことです。いずれにしても、病気になった地球の自然環境を直す手段としては、最優先に保護、保全、そして復元、最後にビオトープを創出することが有効です。

　また、生き物のすみかをつなぐことを、ビオトープ・ネットワークといいます。ビオトープはネットワークでつなげると活性化します。公園、学校の校庭、自宅の庭や生垣もそのネットワークの役目を担っています。生き物の移動する場所、すみかが広がると同時に、木々が新鮮な空気や木陰を提供して

くれます。ときに、虫や鳥の鳴き声が、心を癒してくれることでしょう。身近な自然への興味が、郷土愛を育むきっかけにもなるのです。人にとっても、生き物にとっても、気持ちのよい場所を広げ、つなげることが求められているのです。

☆土地原則

身近な自然を残しながら、生き物と私たちが共生していくための方法が、国連環境計画より提示されています。できる限り大きな森を、円形に近い形で塊として残し、その周りにバッファーゾーン（緩衝地帯）を設け、それぞれの緑地をたくさんの生き物が移動できるような道（生態学的回廊）で結ぶのです。生態学的回廊には、河畔林や土手、また道路の街路樹などがあります。また、会社の敷地や学校の校庭、家庭の庭も、その一翼を担っています。

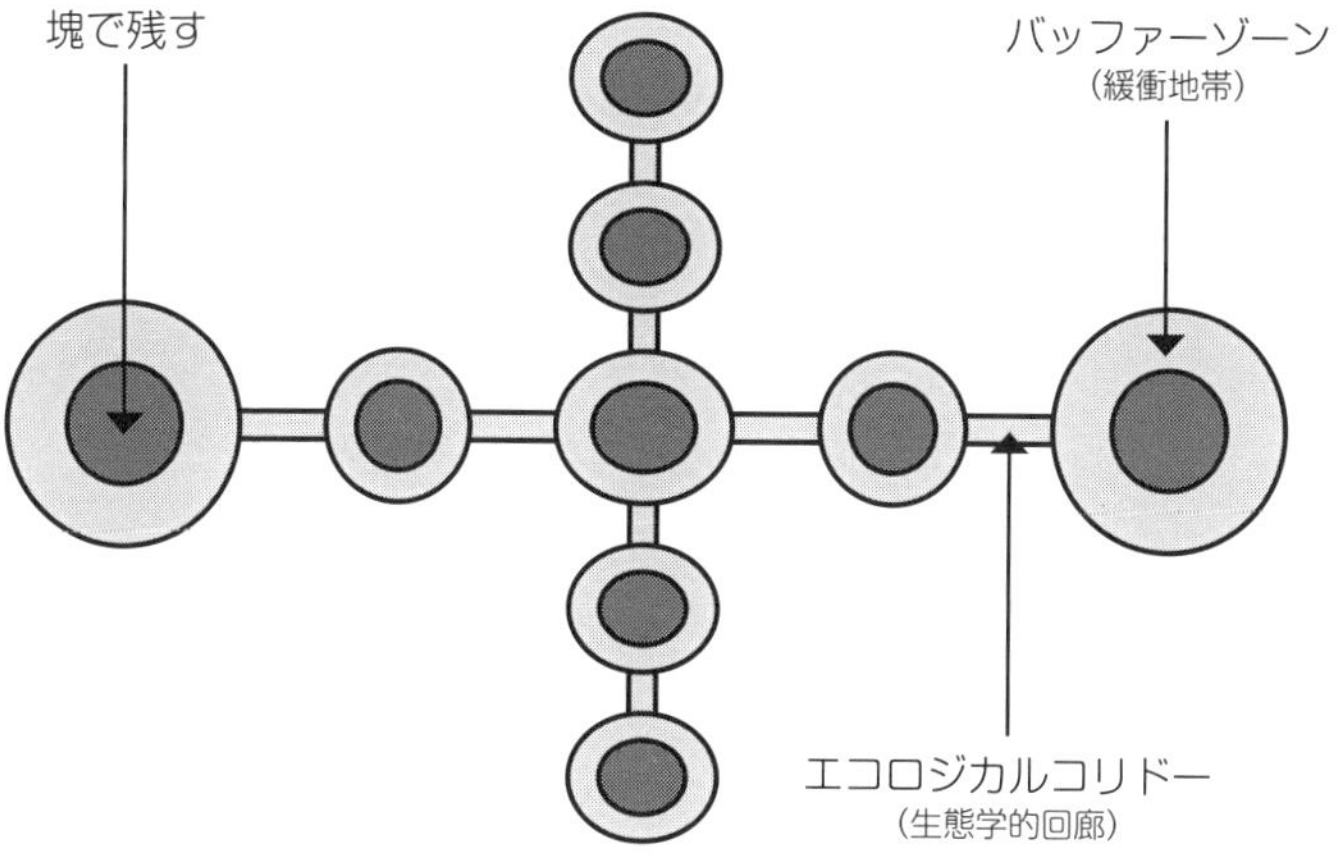

☆里山保全

里山と呼ばれる森は、人間の営みによってできたものなので、人間が手を入れなくては維持できません。そのため、里山の木を選んで切り、その木材をエネルギーなどに利用し、持続的に森からの恵みを得られるようにするとよいでしょう。最近では、市民が行政とともに、里山の森を管理し、昔からの炭焼きを行い、その炭を使い石釜でピザを焼いたり、旬の野菜を天ぷらにするなどのリクリエーションも行われるようになりました。身近な里山が、自然体験や環境学習の場所、新たな地域のコミュニティー形成の場所としても利用され、楽しみながら里山を保全する新たな実践が行われはじめています。

☆「環境に配慮」から環境を主軸に！

ビルや道路を今までのように建設するのではな

日本の里山

く、その建設もビオトープ事業の一つと捉え、事業によって自然環境が良くなるようにしなければなりません。

つまり、「環境に配慮」することではなく、「自然環境を保全」するのです。開発は私たちの生存の基盤をつくることである、という認識を持って、環境に主軸をおいた捉え方への転換が必要なのです。

そこで、生物多様性条約第5回締約国会議において、エコシステムアプローチという生態系を良くしていくための12の考え方が採択されました。その第5原則に生態系から得る利益（恵み）を維持していくために、生態系の構造と機能を保全することが優先目標であることが明記されています。

そのエコシステムアプローチの運用に際し、5つの指針が採択されています。特に、3番目において、順応的管理を実践することが求められました。これ

エコシステムアプローチの12の考え方

1 土地資源、水資源、生物資源の管理目的は社会的選択による
2 管理は最も下位の適切なレベルまで浸透されるべき
3 生態系管理者は、彼らの行動による近隣及び他の生態系に対する影響（実際または可能性）を考慮
4 常に経済的観点から生態系を理解し管理
⑤ 生態系のサービスを維持するために、生態系の構造と機能を保全することが優先目標
6 生態系はその機能の範囲内で管理
7 適切な空間的・時間的広がりで実施
8 生態系管理の目標は長期的に策定
9 管理するのに変化は避けられないことを認識
10 生物多様性の保全と利用の適切なバランスと統合に努める
11 科学的な知識、固有の知識、革新的なものや習慣などあらゆる種類の関連情報を考慮
12 関連するセクター、科学的分野のすべてを巻き込む

は、目標を多数の意見を聴き決め、それを皆で監視し、異常があればすぐに対策をとり、目標に近づけていきましょう、というものです。自然環境に手を加えるというのは、あくまでも実験であり、予想不可能である、ということに基づいているのです。

また、自然を取り戻すには時間がかかり、世代を超えて対応しなくてはいけない場合もあります。そのために、より多くの人が理解し、次世代にその想いを伝えていくことが大切なのです。

それと同時に、生態系に手を入れることを、一部の自然の好きな人だけでなく、多くに人たちに興味を持ってもらい、一緒に監視していくことが大切です。より多くの監視の目により、いち早く環境の異変を捉えることができるのです。

自然を守ろうとしている横で、きれいだからといって繁殖力の強い地元にない植物を植えている

エコシステムアプローチの適用のための運用指針

1. 生態系における機能的な関係と作用への着目
2. 利益の公平配分の推進
3. 順応的管理の実践の利用
(目標をみんなで決めて監視　事業は実験)
4. 取り組む課題に適切な空間的広がりで、また可能な限り最も下位のレベルへの浸透による管理の実行
5. セクター相互の共同を確保

ようでは、一向に環境は良くなりません。川をきれいにしようとしているなか、上流から汚れた水を流しているのと、同じです。

　まずは、自然環境について、老若男女、職業も関係なく、多くの人が興味を持ち、知ることが大切なのです。

私たちにできること

☆身の周りの生き物たちを知ろう

　生物多様性を守るために、私たちにできることは、いくつもあります。まずその一つに、外来種をできる限り入れないということです。私たち生き物は、生きていくために、場所の取り合いをしています。今まで、私たちは、見た目の美しさや手入れの

伊勢湾周辺にしか生育していない
シラタマホシクサ

絶滅に瀕している仲間が増えている
スミレたち

しやすさだけを優先して、もとからあった日本の植物をどけてしまったのです。その結果、雑草と呼ばれ粗末に扱われてきた日本の固有な植物たちが、今や絶滅危惧種となってしまいました。雑草だといって抜く前に、今一度その植物の花の名前や特徴を調べてみてください。それは、もしかしたら万葉の時代から私たちのそばに生え、心をなごまし、ときには薬として役に立ってくれた植物かもしれません。そんな可憐な日本の植物たちを、野草として愛でる気持ちを持てるようにしたいものです。

☆外来種を放さない

２００５年より、被害が大きくなりすぎる外来種については、それを外から持ち込んだり自然へ放したりすると罰金を科せられる法律が施行されました（特定外来生物による生態系等に係る被害の防止

外来種は入れない・捨てない・拡げない！

特定外来生物による生態系等に係る被害の防止に関する法律
2005年6月1日より施行　個人300万円以下、企業1億円以下の罰金！

に関する法律）。その額、個人では、３００万円以下。企業などであれば、１億円以下の罰金です。高額すぎると思うかもしれませんが、一度放された外来種を駆除するのにかかる経費を考えれば、安すぎるのかもしれません。飼育できなくなったから放したり、また美しいから良かれと思って植えたりしたことが、日本の生き物を死の淵に追いやる危険性があるのです。それと同時に、外来種として捕獲され、殺されてしまう命があることも、忘れないでいたいものです。

また、同じ種でも遺伝子が混ざることで同じ病気にかかりやすくなり、病気が発生したとき壊滅的なダメージを受ける確率が高くなります。例えば、同じヨモギでも、香りの高い日本産と香りのしない中国産が混ざることで、香りのないヨモギが増えているのです。

外来種が植えられてしまうような場所に地元の山野草を植栽することで、地域の自然と風景を保全している。一緒にバスを待ってくれる山野草に心癒される（NPO 法人白馬郷土山野草友の会）。

遺伝子を絵の具の原色に例えると、赤と白の絵の具で、さまざまなピンク色をつくり出すことができます。しかし、一度混じったピンク色から白や赤の原色を取り出すことは、とても難しいのです。それゆえ、原色となる元の種の遺伝子が維持されるよう、他所のものを持ち込まないことが大事なのです。

☆野生動物に餌を与えない

日本にでは、当り前に感じられるニホンザルの温泉姿も、世界の人からはとても神秘的で不思議な光景です。世界のサルの仲間で、一番北にすんでいるのが、ニホンザルなのです。果樹や農作物を荒らすなどの被害をもたらすニホンザルではありますが、世界で日本にしかいないニホンザルは観光大使でもあるのです。山でしっかり暮らしてもらえるよう生息環境を整えつつ、ニホンザルの行動に基づいた

ニホンザルに会いに世界中から旅行者がやってくる。

対策により、山へ帰していくことが求められます。そのために、可愛いからといって餌を与えてしまうような、無知で無責任な行動をとる人を増やさないよう、生き物との正しい付き合い方を伝えることも、必要なのです。

☆自然を感じ、生き物を愛《め》でる

日本の海岸には、アカウミガメが産卵のため上陸してきます。ところが日本人には、本州の海岸にもアカウミガメが上陸してくるという認識がなく、地中に卵があるにも関わらず、海岸を埋め立てたり、車で乗り入れるなど、アカウミガメの繁殖を脅かしてきました。

アスファルトを敷かなかった駐車場には渡り鳥のコアジサシが繁殖のためやってきます。５月～７月の３ヶ月間だけ、人間が少し身を引くことができ

アカウミガメ

れば、人と野生動物が共に暮らせる状態をつくり出すことができるのです。

しかし、アカウミガメもコアジサシも繁殖の時期が初夏。ちょうど、私たちも行楽に海に出かける機会が増える時期です。それゆえ、地域の人や行楽にくる人、また行政や企業の自然に対する意識を高めなくてはなりません。私たちの経済や娯楽と、生き物たちの暮らしとの共存を可能にするには、まず自然を感じ、生き物を愛でる気持ちを高めることが大切です。

☆五感を高めよう

「大切なものは目には見えない。だから、心でみるんだよ。」と教えてくれたのは、『星の王子さま』（サン・テグジュペリ著）に出てくるキツネさんでした。

コアジサシ

しかし、こんな言葉もあります。「人は自分が見たいと欲する現実だけを見ようとする」かの有名な、ジュリアス・シーザーが残した言葉です。それから２０００年たって、宇宙に行けるようになっても、私たちの心はなかなか成長しないようです。技術は継承されても、心は常に赤ちゃんからスタートせざるをえないからです。

それゆえに、私たちは常日頃から五感を高め、心で感じることが必要なのです。

まずは、「みる」ことから。同じ「みる」でも、さまざまな「みる」があります。最初は、何かあると感じて「みる」、次にそれを手にして「見る」、そしてじっくりと「観る」（観察する）、それになにか起きないか「視る」（監視する）、その状態がおかしいかどうか、専門家や多くの人と「診る」（診断する）、どうも今の地球は病気のようなので、それを

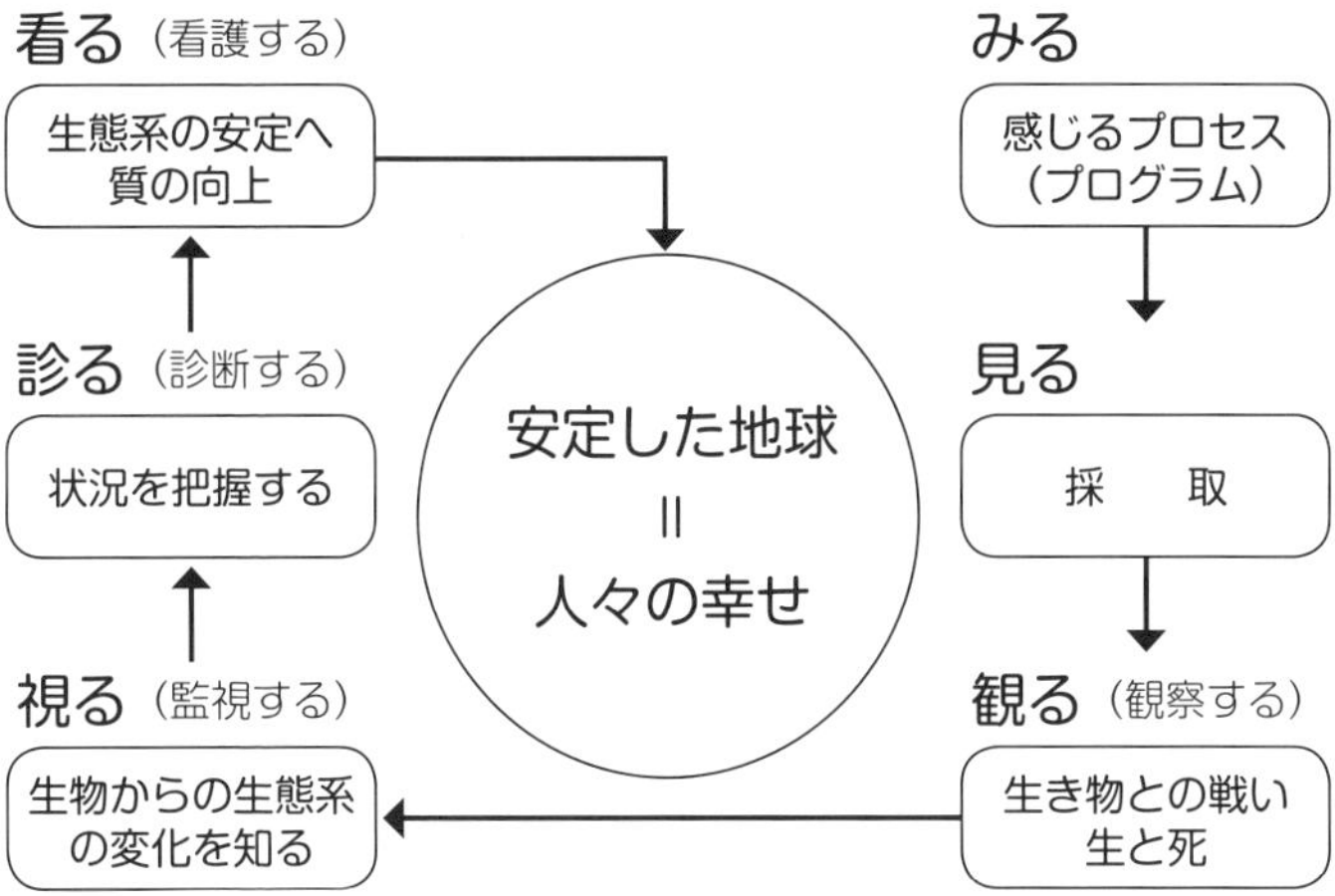

「看る」（看護する）というように、さまざまな「みる」があるのです。しかし、地球を看とりたくはないものです。

「みる」ことと同時に、「きく・聞く・聴く・訊く・利く・効く」、「かぐ・嗅ぐ（臭い・匂い）」、「味わう（甘い、辛い、苦い、酸っぱい、塩っ辛い、薄い、濃い……）」、「触る（ザラザラ、サラサラ、ツルツル、チクチク……）」の五つの感覚をまず高めていくことが必要です。五感を高めて、そして心で感じる（推測する）力を、身につけたいものです。

五感は私たちが持ちえている、自然を感じるセンサーです。多くの生き物は、太古の昔からそのセンサーを活用し生き延びてきました。

私たちも、そのセンサーを鍛えることで、生き延びれるのです。

そのセンサーを鍛えるためには、人間ではつくれ

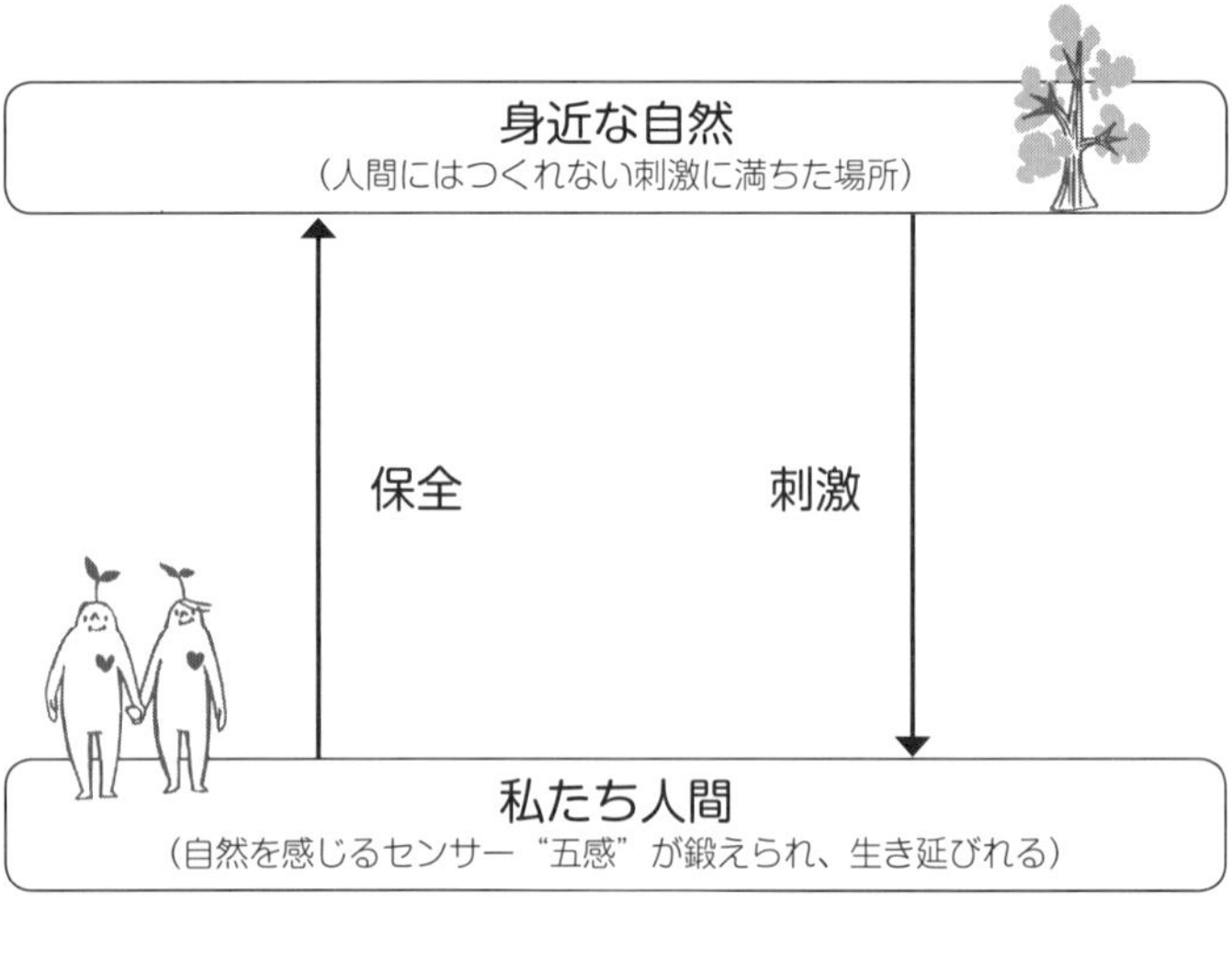

ない、未知なる刺激に満ちた場所が必要です。その場所が、遠く離れたところにあるより、身近にたくさんあるほうがよいのは言うまでもありません。しかし、そのような刺激のある場所は、街からは減ってしまいました。私たちが生き延びるためにも、今でも残っている身近な自然を保全していくことが大切なのです。

☆ハッピーアクション

生物多様性を高めるためには、環境保全事業などのハードだけではいけません。私たち一人ひとりの、普段の行動も大切なのです。しかも、その行動が、楽しくて幸せを感じられるものであれば、長く続けていくことができるでしょう。そこで「ハッピーアクション」と名づけた楽しい行動を、いくつかご紹介したいと思います。

楽しく行動♪　ハッピーアクション

1　フリーダイアルやお店の人に伝える

有機のジャガイモだったらよいのに～♪
フェアトレードチョコが、欲しいわ～♪
有機コットンの製品だったら、買ったのに☆

2　旬の食材を食べる

旬の食材を旬の時期に食べる。
輸入食材ではなく地元の食材を（地産地消）

3　庭に地域の植物や伝統野菜を植える

どんな花が咲くだろう。
どんな虫がやってくるだろう。
命の神秘を発見し、ワクワクする。

一つ目のハッピーアクションは、企業のフリーダイヤルを利用する方法です。フリーダイヤルを利用して、例えばポテトチップスをつくっている会社に「有機農業でつくったポテトチップスをつくっていただきたいわ」とか、愛用している化粧品会社に「有機農産物でつくった化粧品を増やしてくださいね」などと、明るく前向きに要望してみてください。けっして、怒ったクレーム電話はいけません。会社の人に、仕事を楽しんでもらえるような会話のしかたがあるはずです。またスーパーマーケットで「フェアトレード（公正な取引）（第2章参照）のチョコレートは置いてあるかしら？　もしなければ、ぜひ置いておいてね」とやさしく声をかけましょう。お店も商売ですから、お客からの要望があれば、それを行動に移していくはずです。

「企業がやってくれないからダメなのよ」などと

世界フェアトレード機関
World Fair Trade Organization (WFTO)

国際フェアトレードラベル機構
Fairtrade Labelling Organizations International (FLO)

ボヤいていてもはじまりません。企業を動かすのは消費者なのです。私たちは、自分で多くを選択し、何かを購入する消費者なのです。一人ひとりの行動は小さくても、それが集まるととても大きな力となります。お客の要望が多ければ、お店も有機農業のものや、地球環境によく地域の人たちにもよい商品を置くようになります。すると「有機農業にしたくても売れないからできない」と言っていた農家も、企業が買い取ってくれるので有機農業のものをつくるようになり、商社はフェアトレード商品など、エコラベルの付いたものを扱うようになります。こうして環境にも身体にもよい動きになっていくのです。

　最近、エコラベルの商品を見かけるようになりました。生物多様性ホットスポットにあたる発展途上の国で、生態系を守り、またその地域の人たちへの

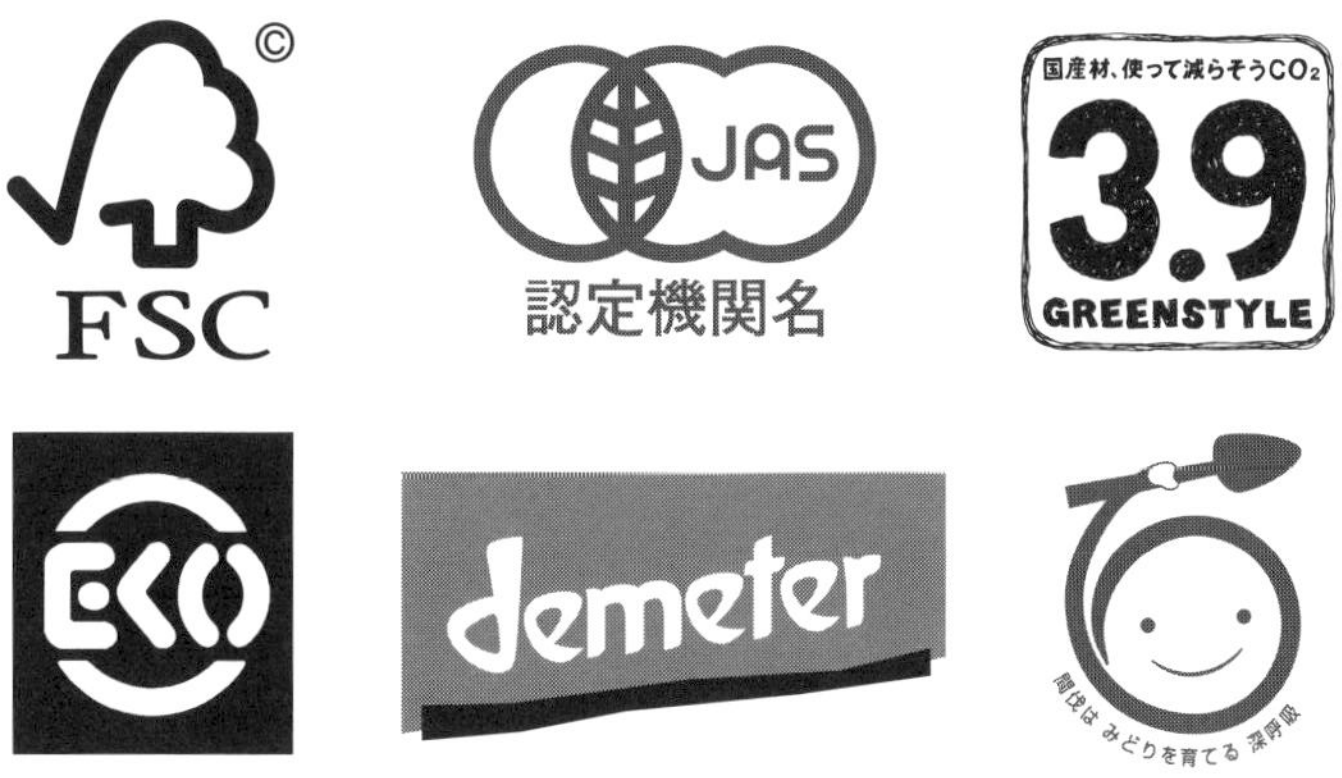

エコラベル

支援とともに生産されている「コンサベーション・コーヒー」。渡り鳥たちの棲みかにもなる森を守りながら生産している「バードフレンドリー®」のコーヒー。生物多様性と労働者や地域共同体の社会的境遇を守っている「レインフォレスト・アライアンス」のコーヒー、カカオ、紅茶、バナナなどの果実に、切花など。発展途上国の生産者や労働者の生活の向上と環境保全を目的としている「フェアトレード」商品。オーガニックコットンの認証を受けた有機の綿花など、さまざまなマークのついた商品がお店に並ぶようになりました。どんなマークがあるのか、ぜひお店でチェックしてみてください。

また、商品のみならず、生物多様性の重要性を認識している企業を、支援、応援することも可能です。「ビジネスと生物多様性イニシアティブ 'Biodiversity in Good Company'」に、世界で42

レインフォレスト・アライアンス

コンサベーション・コーヒー

バードフレンドリー®

社が参加しています。

二つ目のハッピーアクションは、旬の食材を食べるということです。生産や輸送に石油などのエネルギーを大量に投入した食材ではなく、太陽の恵みをタップリと受けた旬の食材を、旬の時期にいただくことで、香り豊かに、美味しく、そして季節を感じることができます。自然の摂理を、頭ではなく経験で理解して、五感で感じることが大切なのです。社員食堂やレストランで、地元でとれた旬の有機農産物を積極的に使用したり、その要望の声をあげることも、自然への貢献の一つになります。

三つ目のハッピーアクションとして、食材の旬を知るために、庭に地域の野草や伝統野菜を植えて育てることも、生物多様性を高めることになります。どんな生き物がやってくるのか、普段口にしている野菜がどんな花を咲かせるのか、意外と知らないこ

とが多いことでしょう。植物は、薬などの効能も持ち合わせています。身近な野草や野菜、そこに来る生き物の命の神秘を発見し、ワクワク感を楽しむことができるでしょう。枯れた草も、冬を越す生き物の隠れ場所や、新たな生命の芽吹きの場所として、重要な役目を果たします。庭の片隅に落ち葉を集めおくことで、幼虫たちのベッドにもなります。それにより、庭がビオトープ・ネットワークの一つの点として、生き物のオアシスになっていくのです。日本の野草を雑草だとむげに抜かず、野草の名前を呼んであげましょう。もしかしたら、それは日本固有種で絶滅危惧種になっている野草かもしれませんよ。

　私たちの小さな活動が大きなうねりとなり、生き物と共に暮らせるようになるのです。

生物多様性 NAGOYA しみんプロジェクト
—生物多様性まちづくり　3つのプロジェクト—

新たな試み「おやちゃいプロジェクト」: 外来種の花が植えられていた花壇を、市民の皆さんと一緒に伝統野菜の花壇に。植物にやってくる生き物を楽しみながら、花を愛で、種を取り、その恵を生き物たちと共有しています（なごや環境大学）。

第2章

生物多様性ワクワク♡チェック

ここでは、地球を人間の身体に置き換えて私たちの行動や意識をチェックしてみたいと思います。

地球のエネルギーの源は「太陽」。人間でいうと「心臓」にあたるでしょう。かつてこの太陽からのエネルギーが止まってしまったことがありました。隕石の衝突により土埃が舞い上がり、厚い層となり、太陽の光が地上に届かなくなってしまったのです。それにより、地上で繁栄を極めていた恐竜は、姿を消してしまいました。

「森」は、二酸化炭素を吸って酸素をつくっています。森に相当する器官は「肺」といえます。肺の細胞がつぎつぎに壊れていったら私たちの体どうなるでしょうか?2000年から2005年の間に、世界から日本の面積の3分の1に相当する730万haの森がなくなりました。これは1分間にサッカーグランド4面分の森が消えていることになります。私たちは、唯一酸素をつくり出してくれる森を、開発し壊しているのです。これで本当に大丈夫なの

地球		身体
太陽	→	心臓
森	→	肺
干潟	→	腎臓
川（水）	→	血管（血液）
下水道（下水）	→	リンパ腺（リンパ液）
道	→	神経
動物	→	筋肉
人	→	脳

でしょうか?

「干潟」は、汚れた水をろ過し、きれいな水を海に流す役割を担っています。干潟にすむ貝やカニをはじめとする多くの生き物が、水をろ過しているのです。そのような機能を持つ器官といえば「腎臓」といえるでしょう。腎臓の機能が低下すると、尿から毒素が排出されなくなってしまいます。干潟は貝やカニを餌とする渡り鳥のオアシスでもありますが、工場やゴミ処理場の用地として、どんどん埋め立てられています。

「川」は、体のなかを走る「血管」と同じ機能を持っています。血管が硬くなってしまったら、動脈硬化を起こします。身近な川はどうでしょうか? まっすぐにそしてコンクリート三面張りに改修され、すっかり硬くなってしまいました。そこを流れる血液ともいえる水は、すっかり濁っています。

「下水道」は、汚れた水を運びます。身体では「リンパ腺」がそれを担っています。老廃物が溜まると身体がむくみます。下水道も詰まらせたり、あふれさせたりしないようにしたいものです。

「道」は、生き物たちが移動した後にでき、情報を伝えます。身体でいえば「神経」のようなものなのかもしれません。

動き回る「動物」は、「筋肉」に置き換えてみました。身体は多くの筋肉により動かすことができます。体から筋肉が減ると、体を動かしにくくなってしまうことでしょう。

「脳」は、さまざまな指令を出し、行動をつかさどります。地球の未来を左右するのは、私たちの行動ではないでしょうか。

人間は病気になると、身体はだるくなり、熱を出します。今の地球も、温暖化という言葉のとおり、熱を出しているのです。たしかに多少熱が出ても、仕事や学校に行くことは可能です。しかし、無理をすれば病状がますます悪くなってしまうことでしょう。地球も同様に、このままでいくと、ひどくなる可能性が高いのです。だからこそ、今発せられている地球からのサインを無視することなく、対処しなくてはいけません。それも解熱剤を飲むというような応急処置ではなく、その原因を根本から見直し、解決することが望まれているのです。

それでは、あなたの行動や意識が、地球にどのような影響を与えているのか、チェックしていきましょう。

心臓（太陽）

□１　このマークについて知らない

□２　石油や石油製品をどんどん使っている

□３　国産の高い食材よりも外国からの安い食材を買っている

【解説】

□１　持続可能な森林と木材のマーク

木は太陽エネルギーの塊としてバイオマスエネルギーとなる貴重な資源です。ＦＳＣ（森林管理協議会）は、木材の生産において適切に管理された森林や、そこから切り出された木材を使って生産・加工されたものを認証する国際機関の一つで、これはそれを証明するマークです（©1996 Forest Stewardship A.C.）。ＦＳＣの認証を受けた森は、さまざまな生き物のすみかとなりますし、経済的にも持続できるような木材生産がされています。コピー用紙やお菓子の箱、雑誌や本、割り箸、椅子、机など、至るところでＦＳＣのマークを目にするようになりました。消費者である私たちが、それらの商品を買うことで、生き物のすみかとなる森と、地域の産業である林業を同時に支えることができるのです。

□2　**石油はムダなく使いましょう**

地下深くにあるものを、地上にくみ出すため、石油生産には多額のお金と膨大なエネルギーがかかっています。そのうえ、事故が起きると、地球環境に深刻な影響を与えます。それに石油の量には限りがあります。それなのに石油をどんどん使ってしまうのはモッタイナイ。しかも石油を燃やすと温暖化物質である二酸化炭素が放出されます。放出された二酸化炭素を酸素に換える森林が減少している今、できるだけ石油を使わないような生活を心がけたいものですね。

□3　**地産地消《ちさんちしょう》に心がけましょう**

海外から食材を輸送するには、それだけ飛行機や船などのエネルギーがかかります。また、食材の生産には、その地域の水とエネルギーを必要とします。食材を輸入するということは、その水やエネルギーも含めて輸入することなのです。この水をバーチャルウォーター（仮想水）といいます。できれば、遠くのものより、近くで栽培されたもの、しかも旬のものをいただくほうが、地球にやさしいのです。地元で採れた食材を、地元で調理して、地元で消費することを「地産地消」といいます。最近では、地元の食材を提供しているお店の入り口に、緑色の提灯がかかっています。消費者として、緑提灯のお店で食事をすることも、環境に貢献していることになります。その食材も有機農業でつくられたものが増えれば、さらに身体にも自然環境にもよくなっていくことでしょう。

肺（森）

□4　里山の木は切らないほうがよいと考えている

□5　マイ箸を持ち歩いてない

□6　サンゴ礁の破壊にあまり興味はない

【解説】

□4　里山の木は切ろう！

　里山では、薪や炭を得るために、定期的に木を切ってきました。枝や木が切られることで、太陽の光が地上に差し込み、コナラやアベマキなど幼木のときに光を好む陽樹が成長できます。また、木漏れ日が明るさをほどほどにコントロールし、その環境を好む下草が成長できるのです。

　春の女神と呼ばれ、里山を代表する種であるギフチョウは、春一番に空を舞い、明るい森の中に咲くカタクリの花の蜜を吸います。そして、木漏れ日を好むカンアオイという植物に卵を産みます。幼虫がこの葉しか食べられないからです。ギフチョウは、カンアオイやカタクリがないと、生きていけないのです。ところが、木を切らなくなると、うっそうとした森になってしまい、里山の環境に適した生き物たちは、生きていけなくなってしまうのです。そのため、里山では、原生林と異なり、木を切ることも大切なのです。

□5 マイ（MY）箸から安和《アワ》（OUR）箸へ

国内で使用される割り箸の90%が、中国などからの輸入品です。日本では年間約250億本の割り箸が使用されており、1人当たり年間200本ほど使っていることになるのです。割り箸は、大量の石油エネルギーを使って海外から運ばれてきますが、安価なため気軽に利用されます。そして1回使用しただけで捨てられてしまいます。

また、割り箸には害虫やカビが発生しないよう薬剤が使われています。「食べる」という行為は、自分の身体をつくることです。できれば安全においしく食べたいものです。箸は唇に触れる道具なのでささくれ立っていては、美味しい料理も興ざめ、心までささくれ立ちそうです。お気に入りのお箸で、食事を取れば、その時間が楽しく、心に余裕が生まれてきます。

とはいえ、自分のためだけの箸だと、ついつい忘れてしまいます。しかし、愛する人や友人との、楽しいひと時を過ごすための箸だと、案外忘れないものです。マイ箸からユア（YOUR）箸へ第一歩。ユア箸を出すだけで、そこから話が広がり、食事が一段と楽しくなります。そしてまた、余裕ができれば、あと2膳追加してみましょう。往々にして、テーブルは4人掛けが多いものです。みんなが楽しい、うれしい食事になるほうがよいものです。

割り箸の数を減らし、森を守ることに少しは貢献できた、という小さな想いとともに、会話を楽しみ幸せなひと時を過ごすことができれば、より充実した食卓になることでしょう。おなかも満足、心も満足、そんな「安和（安全で平和な）（ＯＵＲ）箸」へ、アクションを起こしてみましょう。

割り箸１日１膳から、安和箸で一日一善に。誰でもできる一歩です。

でも、どうしても割り箸が必要なら、地元の間伐材による箸を使いたいものです。

□6　サンゴ礁は海の森

サンゴ礁にはサンゴと共生する藻がたくさんすんでおり、光合成をしています。そのため、サンゴ礁からは酸素がつくり出されています。また、魚のゆりかごとして、大きな魚の命を支える小さな魚たちのすみかとなっています。私たちは、これからも、魚を食べたいのなら、サンゴ礁を守らなければなりません。サンゴ礁は海の中にあるため、なかなか見ることはできませんが、私たちの命を支える重要な場所なのです。日本のサンゴ礁の美しさは、世界でも屈指といわれています。しかし残念ながら、日本人にはその意識が低いようです。内陸の工事や港湾の工事に伴い、赤土などの土砂が海に流入し、サンゴ礁を覆ったり、栄養分を多く含んだ水が海に流れ込み、天敵となるオニヒトデを増していきます。このように人間活動がサンゴ礁に悪い影響を与えています。海の表面だけでなく、海の中をイメージできる想像力を持ちたいものです。

腎臓（干潟）

□7　このマークについて知らない

JAS
認定機関名

□8　アサリがどこで多く採れるか知らない

□9　ラムサール条約を知らない

【解説】

□7　有機農業の証

化学肥料や農薬を含む土砂が流出すると干潟の環境を悪化させます。

このＪＡＳマークは、化学肥料や農薬を使わずにつくられた農産物に付いています。有機農業の証です。このような野菜畑では、農薬や化学肥料で土壌を汚すことなく、蝶などの虫も飛び交い、さまざまな鳥たちの鳴き声がします。野菜畑が人と生き物が共生する場所になっているのです。

さて、森林を伐採すると雨により土壌が流出し、自然環境に大きな負荷をかけます。そこで、森を伐採せず、森を守りながら、その日陰で栽培したシェイド・グロウンコーヒーがスターバックス社から発売されています。コーヒーのつくられる発展途上国の多くは、生物多様性ホットスポットに指定されています。生態系を守りながら、栽培しているため、ほんの少し割高ですが、地球への恩返し、維持費と思えば、安いものでしょう。コーヒーを飲むとき、その豆がどのようにつくられているのか、想像してみてください。どんな森がみえましたか?

□8　車だけじゃないよ愛知県

アサリは全国各地で採れ、潮干狩りは春の行楽（文化）の一つにもなっています。実は愛知県は全国1位、2位を争う生産地なのです。ちなみに、愛知県はウナギの養殖も、鹿児島県に次ぐ生産量です。COP10を開催する愛知県は、車だけではないのです。

□9　湿地を守る条約です

ラムサール条約（特に水鳥の生息地として国際的に重要な湿地に関する条約）とは、湿地を保全するための国際的な約束で、１９７１年イランのラムサールで開催された会議で、採択されました。湿地はさまざまな恵みをもたらすため、賢く利用していくことが求められています。湿地といっても、干潟や沼地だけでなく、水田、湖、人工湖などさまざまなところが含まれます。地下カルスト（鍾乳洞）と洞窟性の水系も湿地とみなされるため、鍾乳洞で有名な秋吉台もラムサール条約に登録されています。

名古屋では藤前干潟を埋め立ててゴミ処理場にする予定でしたが、計画を破棄し、ラムサール条約湿地として保全しています。しかしながら、伊勢湾において自然の海岸は、わずか18%ほどになってしまいました。

血管・血液（川・水）

□10　治水のためには川をコンクリートで固めても仕方がないと考えている

□11　赤く油の浮いたような湧水はきれいにすべき

□12　お風呂の水は気にせず使っている

【解説】

□10　発想の転換を

身体中に酸素を運ぶ血液と血管は、地球の水と川に似ています。人間は、血管が硬くなると、動脈硬化という生命にかかわる状態を引き起こします。また、血液が濁ると、新鮮な酸素や栄養が運ばれず、身体から元気がなくなっていくのです。川も同じで、コンクリートで直線にされたり、水が汚れると、そこにすむことができる生き物は限られます。川がコンクリートの護岸や堤防に囲われてしまうと、流れは単調になり、また土手と水辺の間がコンクリートで隔てられ、植物もほとんど生えません。すると、小魚や小さな虫たちの隠れ場がなくなり、生息しにくい場所になってしまいます。そのうえ、私たち人間も川に近づくことが難しくなり、水辺からどんどん足が遠のきます。

最近では、植物の護岸などによる、より自然に近く、同時に洪水への安全性の高い川づくりも実施されるようになってきました。そろそろ発想を転換しましょう。

□11　赤い水も風土の特徴

湧水が赤く、油のようなものが水面を覆っている場合があります。この油のようなものは、「ソブ」と呼ばれる鉄を分解する細菌で、鉄分を多く含む土地の水に発生しやすく、その地域の特徴になっています。油の浮いたような場所を小枝などの棒で動かすと、油のように混ざることなく、ソブの場所は棒の動きに合わせて、線が描かれます。ソブのおかげで水面に字を書くこともでき、子どもたちも夢中になる、面白い遊び場です。汚いと嫌がらず、その地域の特性を楽しみましょう。そこには、ほかの地域にはいない、そのような土、水に適した植物や動物が生きているのです。

□12　上流のことを考えよう

お風呂は、体がほぐれ気持ちよいものです。日本では、飲み水と同じ水をお風呂に使っています。もし、お風呂に自動販売機で売られている水（１５０mlで１５０円）を使ったとしたら、お風呂１杯（３００ℓ）で９万円かかります。そして体を洗うときシャワーなどを利用すれば、１回のお風呂で約10万円かかっていることになります。日本の森がつくりだしてくれるきれいな水を確保するために、森林を保護する意識を高めたいものです。

リンパ腺・リンパ液（下水道・排水）

□13　油をそのまま流しに捨てたことがある

□14　大雨のときでも、かわらずお風呂に入っている

□15　キャンプ場でもいつも使っている食器用洗剤を使う

【解説】

□13　食べ残しをしないこと

お味噌汁1杯分（180㎖）を流すと魚がすめる水質（BOD5㎎／ℓ以下）にするには、バスタブ（300ℓ）4.7杯分の水が必要です。牛乳200㎖では11杯、使用済みの天ぷら油20㎖では、なんと20杯の6ｔの水が必要になります。食べ残しをせず、流しに食べ残しを捨てないようにしましょう。

ちりも積もれば山となる、という言葉どおり、小さなことから、対策することが重要です。万が一捨てるときは、廃棄する紙や新聞紙などで拭き取るなど、一工夫を楽しみましょう。近くを流れる川が臭いのは、自分の家からの排水が原因かもしれません。排水が川、そして海につながり、そこに多くの生きものがすんでいるこ

とを想像しましょう。一人ひとりの心がけが、地球を元気にしていくのです。

□14　大雨のときは、お風呂を控えましょう

特に都市部では、下水の処理の方法に、生活排水や工業排水と雨水を一緒に処理する「合流式」が採用されています。道路の汚れを含んだ雨なども処理してくれるよさはあるのですが、大雨が降ると、下水処理場の能力を超えるため、汚水も処理されずに、そのまま川に放流されてしまうのです。

大雨のときには、少しでも家庭からの排水量を減らしましょう。川にできるだけ負担をかけまいとする一人ひとりの意識と行動が、川を汚さないことにつながるのです。

□15　界面活性剤の入っていない洗剤を

キャンプ場で、食事をするのは気持ちよいものです。しかし、キャンプ場にある下水処理装置は簡易的なものが多く、中には調理場の排水がそのまま地面に流れ込むものもあります。キャンプ場に、普段家で使用している界面活性剤入りの洗剤を持ち込んでいませんか？　界面活性剤は、水の表面張力を弱めます。そのため水面を移動するアメンボやミズスマシなどの昆虫が、たちまち溺れてしまうのです。食べ終わったお皿は、新聞紙やドリップし終わったコーヒー豆、灰などを使って拭くと、油などはよく落ちます。その後、界面活性剤の含まれていない洗剤を少し使って洗えば、きれいになります。自然の中に入って遊ぶときには、生き物たちのことも考えて行動しましょう。そして、楽しませてくれた自然に、何か恩返しをすることを考えましょう。

神経（道路）

□16　道はすべてアスファルトにしてほしい

□17　まっすぐな道ではスピードを出してしまう

□18　車でどこでも行けるようになるほうがいい

【解説】

□**16　道が緑のネットワークに**

アスファルトによって、雨が降っても足元が汚れることが少なくなりました。しかし、雨が土に吸い込まれなくなり、合流式の下水処理場では処理が間に合わなくなってしまいました。また、アスファルトは熱を持ち、夏の暑さを加速させています。なかにはアスファルトをはがしても、大丈夫な場所もあるはずです。

アスファルトをはがし、草を生やすことで、ヒンヤリとした空間がつくられ、また潤いも与えてくれます。この道が緑のネットワークとしてつながっています。道は家の前までつながっていますので、この道が緑のネットワークとしてつながれば、涼しく潤いの街になることでしょう。

□**17　交通事故に遭うのは人間だけではない**

まっすぐな道路を車で走ると、運転が単調になり、ついスピードを出してしまいます。それゆえ、交通事故が発生しやすいのです。交通事故の上位にあがる、北海道、愛知、大阪は、まさに直線の道ばかりです。

曲がった道のほうが交通事故が発生しやすいと思われがちですが、実際には直線道路のほうが交通事故が起こりやすいのです。しかも直線道路で事故を起こすと、お互いスピードを出しているため、とても大きな事故になります。また、渋滞を起こさないためには、アリのように、みんなが安全な間隔をあけて、一定のスピードで走ることが必要です。これにも曲がった道がよいのです。机の上で考えているより、人間の行動心理を理解して道をつくることが、大切なのです。

道では人間もはねられますが、多くの野生動物たちが殺されています。ロードキルと呼ばれる動物との交通事故を避けられれば、人間にもやさしい道になるのです。

そろそろ、発想の転換が必要なのかもしれません。

□18　道路は必要最低限に

車はドアツードアでどこにでも行けるため、とても便利です。しかし、道路が森を横切ることで、森の中の環境が大きく変化します。道路により森が切り開かれると、水の道が途絶えたり、森の乾燥が進み後退するなど、自然環境に大きな負荷をかけます。森の中への道路の建設は、極力避けたいものです。どうしてもつくる場合には、街と同じ仕様ではなく、森を守る道づくりを検討してもらいたいものです。

筋肉（動物）

□19　「ひつまぶし」と生物多様性は関係ないと考えている

□20　近くの川にホタル放してほしい

□21　フェアトレードについて知らない

【解説】

□**19　食は生物多様性そのもの**

「ひつまぶし」は、蒲焼のウナギを細かく切ってご飯の上に乗せ、三とおり（そのまま、薬味を載せて、お茶漬けにして）の食べ方を楽しむ、名古屋独特の食文化です。これも一つの多様性。ウナギは、海で産卵して川で育ちます。しかし、海でのウナギの生態は、まだよくわかっていません。ただ、ウナギの数が年々減ってきていることは確かです。ウナギが絶滅するということは、食文化も消滅してしまうということなのです。あの絶品な「ひつまぶし」が食べられなくなっちゃうなんて！！！

□**20　ホタルを安易に放すより、育つ環境をつくりましょう**

夏の風物詩のホタル。美しい光を発することから、自然保護活動のシンボルとなっています。

しかし、ホタルを見せたいとの思いから、ほかの地域にすむホタルを持ってきて、放虫するということが、見受けられるようになりました。同じ日本のゲンジボタルでも、東日本と西日本では光り方すら違うのです。ホタルが自分で移動できない距離を、人間の力でワープさせて、別の場所に放してしまうことは、その地域本来の特性を失わせてしまうのです。遺伝子がすべて同じになってしまうと、一つの病気の蔓延により、その種全部が絶滅してしまう可能性もあります。また、育つことが厳しい環境にホタルを放虫することは、命を捨てていることにほかなりません。ホタルもすめる環境を整え、生き物が、自分の力で移動してくるのを待ってあげましょう。生き物がすみついたときの喜びは格別です。

□21　フェアトレード商品の購入を

フェアトレードとは、「公正な取引」ということ。コーヒーやチョコレートは、私たちの生活を豊かにする嗜好品です。それらの多くは、発展途上国で生産されています。そして、一部の人だけが儲け、従業員は安価な賃金で働いている場合が多いのです。中には、不当に子供たちが働かされていたりします。働いている人たちにも、正当にお金が支払われるような仕組みになっているのが、このフェアトレード商品なのです。今回、筋肉は、「動くもの」として位置づけました。筋肉に乳酸をためず、持続的に使い続けられる動かし方と言えるでしょう。これからも先進国として、責任を果たしてゆきたいものです。

脳（人）

□22　政治になんて関心ない。選挙にも行かない

□23　地元の活動に興味がない。近所の人とも話さない

□24　木の根っこや、土の中にすむ虫たちのことを想像したことがない

□25　飢餓で子供が亡くなっている現状を考えたことがない

【解説】

□22　選挙に行こう！

私たちの代表が、町や国の行く末を話し合う議会に、関心を持ち続けることが大切です。ドイツでは、国民の環境に対する高い意識が政党を支え、ドイツは環境先進国へと大きな転換を図りました。日本でも各政党が、自然環境についてしっかり理解し、その対応を図るようにしていきたいものです。

□23　住んでいるところに興味を持とう

自分の住んでいる街は、毎日目の届くところでもあります。自分の周りの公園は、緑がいっぱいですか？　街路樹はどうなっていますか？

街を管轄している行政と共に、自然と共生するよりよい街にするにはどうしたらよいか、話し合う場所づくりが大切なのです。ふとしたご

近所との会話が、よりよい街に変わっていく原動力になるのです。

□24　五感を高め、心で感じられるようにしましょう

私たちには、想像するという素晴らしい能力があります。今、「五感を高め、心で感じる力」が求められています。樹木を見るときは、その根っこがどこまで伸びているのか想像してみてください。その木が十分に根を張れる状態になっていますか？　アスファルトなどで根もとを固めていませんか？　土の中には、たくさんの微生物がすんでいて、さまざまなものを分解してくれています。明治神宮での調査では、足跡サイズの土の中に1億匹以上もの微生物がみつかっています。それらの、生き物たちによって、私たちの生活が支えられているのです。

□25　地球の裏側にも心をはせましょう

現在、世界の飢餓人口は10億人に達する状況です。これは、およそ地球上で7人に１人が飢えていることになります。飢餓により毎日2万5千人が命を落とし、そのうち5歳以下の子供は1万4千人。6秒に１人の子どもが飢餓で亡くなっているのです。生物多様性が低くなれば、ますます飢餓を生むことでしょう。

しかし、一方で先進国は、食料がつくれる土地がありながら食料をつくらず、食材を世界中から輸入しているばかりか、日々大量に食材を廃棄しています。まず、今日も食事を取れたことに心から感謝したいものです。

そして、この格差をどのようにしたらなくせるのか、考え行動するときが来ているのです。

判定結果

0～1　あなたは地球の健康サポーターです。その調子で♪

2～6　もうちょっと意識しましょう

7～15　足元から見直し、視野を広げましょう

16～25　地球にとってあなたは悪玉コレステロールかも。もっと地球を思いやりましょう

判定結果はいかがでしたか？　私たちの「衣食住」は、すべて地球の生き物たちによって支えられています。身近な生き物たちの変化を見ようと「意」識し、テレビだけの情報ではなく、五感をフルに使い心で考え、土や花や葉っぱなどに「触」ってみることも重要です。そして、たまに虫や動物など「獣」の気持ちになって、街を見てください。生物多様性の「意触獣《いしょくじゅう》」の視点を持ってください。きっと、いままでとは何か違う一歩を踏み出せることでしょう。

地球を健康にするには、そこに住む私たちが地球を元気にする行動をとらなくてはなりません。私だけやっても…とは思わず、楽しんで続けていけば、その環は広がっていくに違いありません。ぜひ、その環を広げていきましょう。

第3章

絵でみるリオ宣言

1992年ブラジルのリオデジャネイロで、地球サミットと呼ばれる、地球の方向性を大きく転換する会議が開催されました（第1章参照）。「持続可能な開発」を打ち出しパラダイムシフト（価値観の変革）を起こしたのです。この会議において、「環境と開発に関するリオ宣言」が採択されました。環境を破壊し、開発してきた時代から、環境と開発を一つのものと捉え、豊かさも、そして自然も守るため、27の原則が提唱されたのです。

その原則は、短い文章で構成されています。しかし、その文章を読み解くのは、容易ではありません。そこで、その文章から読み取れることを、キャッチフレーズと絵で表してみました。なんとなくでも、このリオ宣言について、興味を持ってもらえれば幸いです。文章から浮かべる映像は、人それぞれに異なることと思います。なのでぜひ、皆さんも想像してみてください。このリオ宣言から、どんな未来がつくられていくのでしょうか…

第1原則　あなたがキーマン

【条文】人類は、持続可能な開発への関心の中心にある。人類は、自然と調和しつつ健康で生産的な生活を送る資格を有する。

【解説】人類の未来を左右するのは、自分たちだということです。持続可能な社会をつくっていくために、クマでもハチでもなく、人間が考え行動しなければいけないのです。とても当たり前のことなのですが、その人類がほかの多くの生き物、そして未来の人類に対しても、大きな影響を与える、ということにおいて、私たちはその中心にいることを自覚しましょう。また、私たちは自然と共に暮らし、健康的で生産的な生活を過ごせる権利も持ち合わせています。皆さんは自然と調和したまちに、暮らせていますか？

第2原則　汚さないで！

【条文】各国は、国連憲章及び国際法の原則に則り、自国の環境及び開発政策に従って、自国の資源を開発する主権的権利及びその管轄又は支配下における活動が他の国、又は自国の管轄権の限界を超えた地域の環境に損害を与えないようにする責任を有する。

【解説】自分の国の資源を開発する場合は、ちゃんと国際的なルールを守りましょう。そして、開発は、自分の国やほかの国の環境を壊しっぱなしにしたり、汚したままにしないよう、責任をもって進めなくてはいけない、ということです。自分の部屋を汚したら片付けましょう。友達の家で遊んだら、ちゃんときれいにしてくること。当たり前のことなんですよね。

第3原則　未来の人にも公平に

【条文】開発の権利は、現在及び将来の世代の開発及び環境上の必要性を公平に充たすことができるよう行使されなければならない。

【解説】人類が絶滅させたニホンオオカミ（最後の記録１９０５年）、飛べない鳥のドードー（最後の記録１６８１年）、体長８ｍほどもあったといわれる海藻を食べるステラーカイギュウ（最後の記録１７６８年）…私は生きている姿が見たかった。これらの生き物は、その時代の人だけのものではないはずです。だからこそ、せめて今生きている生き物や自然を、未来に残してあげたいですね。「自然は未来からの預かり物」「７代先のことを考えて木を切る」というアメリカ先住民の言い伝えがあります。見習いたいものです。

第4原則　自然保護VS開発から、自然保護＝開発へ

【条文】持続可能な開発を達成するため、環境保護は、開発過程の不可分の部分とならなければならず、それから分離しては考えられないものである。

【解説】今までは、開発をするか、自然を守るかの二者択一でした。そして、往々にして自然が破壊され、自然を守ろうと思っている人の心を深く傷つけただけでなく、開発側にも、しこりを残してきました。そのうえ、豊かになるための開発が、結果として地球に大きなダメージを与えてしまいました。実は、自然保護と開発は表裏一体であり、分けては考えられないものだったのです。これからは、道路建設や宅地造成によって、その周辺の自然環境も良くなるような開発が求められます。

第5原則　貧困、格差社会をなくそう

【条文】すべての国及びすべての国民は、生活水準の格差を減少し、世界の大部分の人々の必要性をより良く充たすため、持続可能な開発に必要不可欠なものとして、貧困の撲滅という重要な課題において協力しなければならない。

【解説】世界を100人の村として考えると、全世界の富の59％をたった6人が所有し、80人は標準以下の家に暮らし、50人は栄養失調状態なのです。実際に発展途上国では、1歳未満の赤ちゃんが年間約600万人も亡くなっています。日本ではいつでも衛生的な水が飲めますが、世界には泥水のような水しか飲めない国も多くあります。貧困をなくし格差を縮小し、全人類が幸せに暮らせるようにしたいものです。

第6原則　最貧国、影響を最も受けやすい国が優先

【条文】開発途上国、特に最貧国及び環境の影響を最も受け易い国の特別な状況及び必要性に対して、特別の優先度が与えられなければならない。環境と開発における国際的行動は、全ての国の利益と必要性にも取り組むべきである。

【解説】災害などの緊急時に、1人でも多くの命を救うため、助ける順番があります。軽傷な人より、重傷な人を優先に治療をします。なぜなら、今、助けなくては、手遅れになってしまうからです。世界の国も同様に、今日の食べ物もない最貧国や、また海水面上昇や砂漠化で、その土地で暮らすことができなくなってしまうような国に対して、優先的に対策を行うことが大切です。

第７原則　みんなで生態系を守ろう！

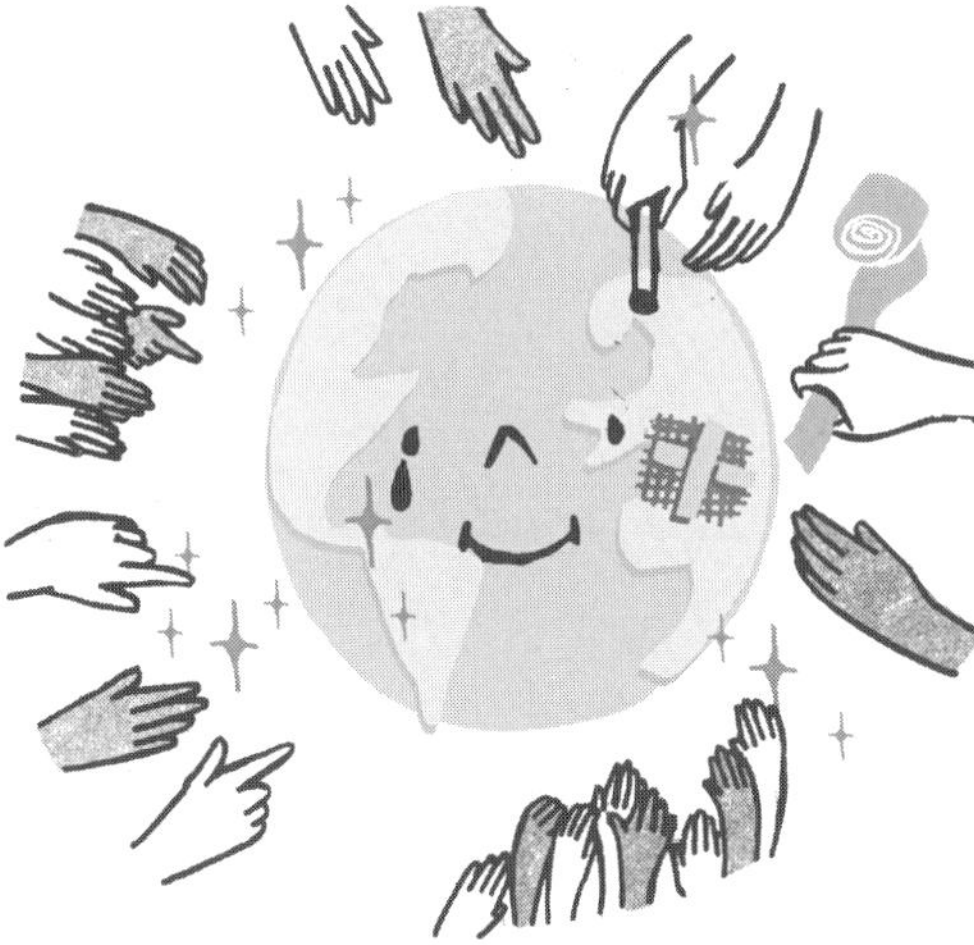

【条文】各国は、地球の生態系の健全性及び完全性を、保全、保護及び修復するグローバル・パートナーシップの精神に則り、協力しなければならない。地球環境の悪化への異なった寄与という観点から、各国は共通のしかし差異のある責任を有する。先進諸国は、彼等の社会が地球環境へかけている圧力及び彼等の支配している技術及び財源の観点から、持続可能な開発の国際的な追及において有している義務を認識する。

【解説】地域の小さな生態系が集まって、地球の生態系を支えています。まず各国で地域の自然を守り、壊れた自然を修復することが必要です。そして私たちは身近な自然を回復させるだけでなく、地球全体を健康にしていくことも忘れてはいけないのです。

第8原則　人口を減らそう！

【条文】各国は、すべての人々のために持続可能な開発及び質の高い生活を達成するために、持続可能でない生産及び消費の様式を減らし、取り除き、そして適切な人口政策を推進すべきである。

【解説】人類が地球にどれだけの負荷をかけているか、その足跡で表すエコロジカル・フットプリントというものがあります。現在の人類は、地球1.4個必要になる程、人口が増えてしまったのです。人口増加各国で適切な人口政策が求められます。人口増加をよしとして進められてきた政策から、人口が減少しても幸せに暮らせる、新たな考え方、政策への転換が求められます。また、私たちも地球に負荷をかけすぎない生活を送るように、大量消費、大量生産の生活スタイルを見直すことも必要なのです。

第9原則　科学技術を広げ応用しよう

【条文】各国は、科学的、技術的な知見の交換を通じた科学的な理解を改善させ、そして、新しくかつ革新的なものを含む技術の開発、適用、普及及び移転を強化することにより、持続可能な開発のための各国内の対応能力の強化のために協力すべきである。

【解説】日本の産業界のエネルギー効率は、世界一です。低燃費自動車や省エネ家電などをはじめとする、さまざまな技術を世界に提供し、普及させ、またその技術を、ほかの分野に積極的に移転させることが、地球を良くしていくことにもつながるのです。一国だけの環境が良くなるのではなく、世界の環境が良くなるよう各国で交流を図り、協力しつつ技術を高めていくことが望まれます。

第10原則　みんなの参加

【条文】環境問題は、それぞれのレベルで、関心のある全ての市民が参加することにより最も適切に扱われる。国内レベルでは、各個人が、有害物質や地域社会における活動の情報を含め、公共機関が有している環境関連情報を適切に入手し、そして、意志決定過程に参加する機会を有しなくてはならない。各国は、情報を広く行き渡らせることにより、国民の啓発と参加を促進しかつ奨励しなくてはならない。賠償、救済を含む司法及び行政手続きへの効果的なアクセスが与えられなければならない。

【解説】環境問題は、行政だけでなく多くの市民が参加しないと解決できません。だから行政は、皆に情報が広く伝わるように広報し、多くの市民によって決定していく仕組みをつくっていきましょう。

第11原則　環境法をつくろう

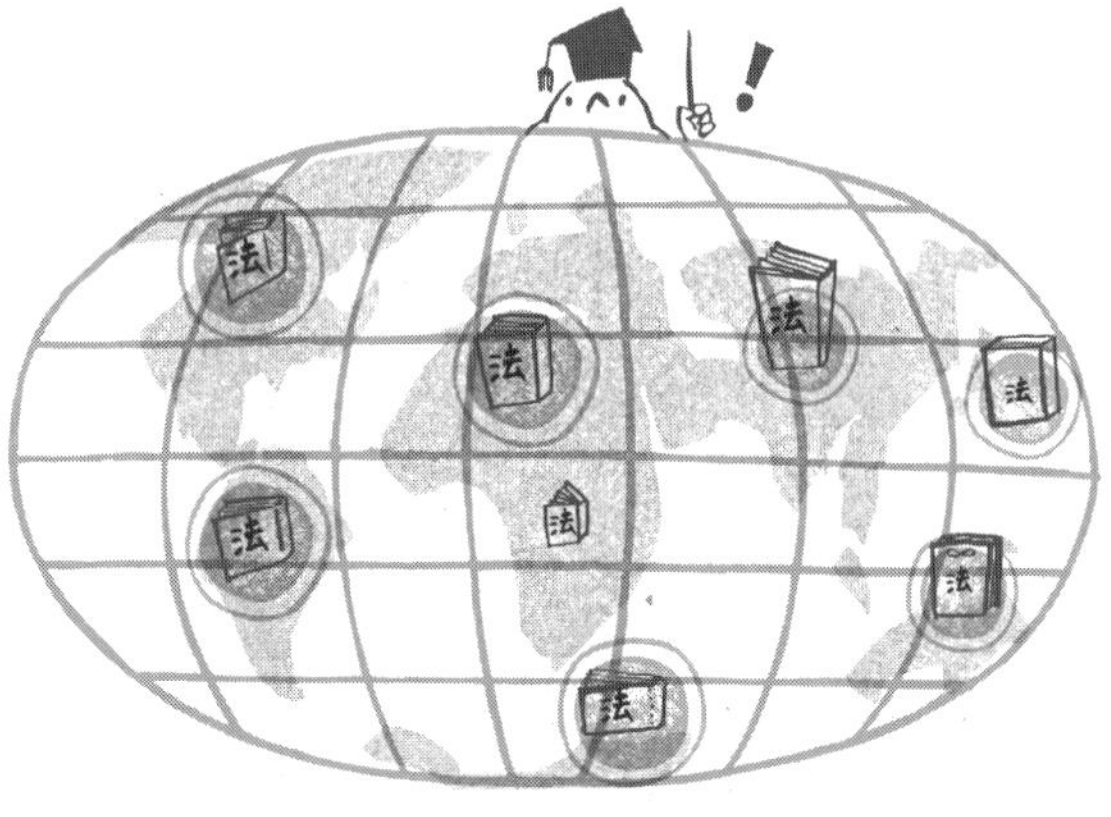

【条文】各国は、効果的な環境法を制定しなくてはならない。環境基準、管理目的及び優先度は、適用される環境と開発の状況を反映するものとすべきである。一部の国が適用した基準は、他の国、特に発展途上国にとっては不適切であり、不当な経済的及び社会的な費用をもたらすかもしれない。

【解説】各国で環境法をつくりましょう、ということです。このリオ宣言を受けて、日本では１９９３年に環境基本法が制定されました。日本にはそれまで、公害に対する個別の法律はありましたが、環境に対する包括的な法律がなかったのです。日本もこのリオ宣言によって、大きく方向転換しはじめたといえるでしょう。

第12原則　各国、協力しましょう！

【条文】各国は、環境の悪化の問題により適切に対処するため、すべての国における経済成長と持続可能な開発をもたらすような協力的で開かれた国際経済システムを促進するため、協力すべきである。環境の目的のための貿易政策上の措置は、恣意的な、あるいは不当な差別又は国際貿易に対する偽装された規制手段とされるべきではない。輸入国の管轄外の環境問題に対処する一方的な行動は避けるべきである。国境を越える、あるいは地球規模の環境問題に対処する環境対策は、可能な限り、国際的な合意に基づくべきである。

【解説】すべての国の経済を成長させつつ、持続的な社会が築けるように、環境問題に対して世界で協力しましょう、ということです。

第13原則　被害者を守ろう

【条文】各国は、汚染及びその他の環境悪化の被害者への責任及び賠償に関する国内法を策定しなくてはならない。更に、各国は、迅速かつより確固とした方法で、自国の管轄あるいは支配下における活動により、管轄外の地域に及ぼされた環境悪化の影響に対する責任及び賠償に関する国際法を、更に発展させるべく協力しなくてはならない。

【解説】水俣病やイタイイタイ病などは、環境を悪化させたことによって起きました。しかし、国や企業が被害者に対する責任を果たすまでに、長い時間がかかりました。なぜなら、その当時、環境に対する法律がなかったからです。国内法を整備するのはもちろんのこと、海外に対する問題にすばやく対応できるよう、国際法の発展が望まれます。

第14原則　有害物質の移転はダメ

【条文】各国は、深刻な環境悪化を引き起こす、あるいは人間の健康に有害であるとされているいかなる活動及び物質も、他の国への移動及び移転を控えるべく、あるいは防止すべく効果的に協力すべきである。

【解説】原子力発電で使い終わった核燃料には、高い放射線物質が含まれています。高濃度の放射線を浴びると、多くの動植物は死に至ります。もちろん、人間も。そのため、そのような物質を移動させることは、極力控えることが大切です。核兵器による戦争の危険も、この世の中からなくさなくてはいけません。日本は、「核兵器を持たず、つくらず、持ち込ませず」の非核三原則を表明していいます。これを実現し続けたいものです。

第15原則　予防しましょう

【条文】環境を保護するため、予防的方策は、各国により、その能力に応じて広く適用されなければならない。深刻な、あるいは不可逆的な被害のおそれがある場合には、完全な科学的確実性の欠如が、環境悪化を防止するための費用対効果の大きい対策を延期する理由として使われてはならない。

【解説】無謀な生活により病気になり、辛い思いをしたり、金銭的にも負担になる生活を送るより、病気にならないように、常日頃から健康に気をつけ、楽しい日々を過ごしたほうが気持ちよいものです。地球も同様に、地球に負荷をかける開発をして、壊れてから対策を打つのではなく、壊れないように予防することが大切です。失った命はどんなにお金をかけても戻らないのですから。

第16原則　汚した人が、費用を払う

【条文】国の機関は、汚染者が原則として汚染による費用を負担するとの方策を考慮しつつ、また、公益に適切に配慮し、国際的な貿易及び投資を歪めることなく、環境費用の内部化と経済的手段の使用の促進に努めるべきである。

【解説】汚したり、壊した人が、修復費用を払うのは当然のこと。ところが、企業や国の目先の利益を守るため、負担が軽減されていることがあります。また、自分たちが汚染者になっていることに、気がついていないこともあるのです。安価だからといって買っているものに、環境に対して負荷がかからないような対策がされているのかどうか、もう一度考えてみたいものです。

第17原則　予測評価すべし

【条文】環境影響評価は、国の手段として環境に重大な悪影響を及ぼすかもしれず、かつ権限ある国家機関の決定に服す活動に対して実施されなければならない。

【解説】環境影響評価とは、例えば高速道路建設や大規模な宅地開発などを行う場合、事前にその周辺の環境にどのような影響を及ぼすのか予測をし、その評価を行うことです。日本では、１９９７年６月に環境影響評価法が制定されました。これにより、事業に対し、誰もが意見を述べることができるようになりました。しかし、この法律は事業をするにあたっての評価であり、事業をするかしないかの評価ではないのです。今後は、事業をするかしないかを含む戦略的な環境影響評価が望まれます。

第18原則　自然災害は、助け合おう

【条文】各国は、突発の有害な効果を他国にもたらすかも知れない自然災害、あるいはその他の緊急事態を、それらの国に直ちに報告しなければならない。被災した国を支援するため国際社会によるあらゆる努力がなされなければならない。

【解説】2010年2月に起きたチリ大地震による津波や、同年4月に起きたアイスランド火山の大爆発などは記憶に新しいことでしょう。自然の前では、人は無力に等しいのです。それゆえ、自然災害が起きたときには、その状況を全世界に伝え、被害を最小限にする努力をし、そして力を合わせ、被災国を救済することが求められます。地震国の日本にも災害時には、世界中の人たちが助けに来てくれました。その恩を忘れず、ちゃんと恩返ししたいものです。

第19原則　事前に教えて！

【条文】各国は、国境をこえる環境への重大な影響をもたらしうる活動について、潜在的に影響を被るかも知れない国に対し、事前の時宜にかなった通告と関連情報の提供を行わなければならず、また早期の段階で誠意を持ってこれらの国と協議を行わなければならない。

【解説】１９７０年代から有害な廃棄物が国境を越えて移動され、アフリカの開発途上国などで、先進国の廃棄物の放置による環境汚染が問題になりました。事前の連絡や協議もなく、責任の所在も曖昧だったのです。そこで「有害廃棄物の国境を越える移動及びその処分の規制に関するバーゼル条約」が１９９２年発効されました（日本93年）。私たちも有害物質を出さない生活を心がけたいものです。

第20原則　女性が不可欠！

【条文】女性は、環境管理と開発において重要な役割を有する。そのため、彼女らの十分な参加は、持続可能な開発の達成のために必須である。

【解説】哺乳類である人類は、子供を産み育てるために、女性が不可欠です。妊娠は女性しかできないからです。乳児のための食事、母乳など、子供は母親の影響を強く受けます。また、多くの社会で女性が水をくみ、食事をつくり、子育てを任されています。それらの仕事は、生活と文化、自然環境の恵みに直接つながっています。ところが、女性の地位は決して高くなく、社会から差別を受けている場合が少なくありません。社会の半数を占める女性の意見を反映させられる社会をつくらなければ、環境問題を解決することはできないのです。

第21原則　若者よ　大志を抱け！

【条文】 持続可能な開発を達成し、すべての者のためのより良い将来を確保するため、世界の若者の創造力、理想及び勇気が、地球的規模のパートナーシップを構築するよう結集されるべきである。

【解説】 若者は、頭が柔軟で自由な発想や夢を描けます。世界中のすべての人にとって、より良い未来になるようにするために、どのようにしたらよいのか、パワフルな若者たちの知恵と力を結集させることが必要です。さまざまな国の人たちと出会い、交流することは、同じ地球に生きる仲間として、共通の目標である持続可能な社会をつくる原動力となることでしょう。

第22原則　先住民の文化の尊重

【条文】先住民とその社会及びその他の地域社会は、その知識及び伝統に鑑み、環境管理と開発において重要な役割を有する。各国は彼らの同一性、文化及び利益を認め、十分に支持し、持続可能な開発の達成への効果的参加を可能とさせるべきである。

【解説】先住民たちは、その地で古くから暮らし、その風土に合った文化と生き方を持ち合わせています。石油などに頼らずとも、生き抜くことのできる強さも持ち合わせています。私たち現代人には、学ぶべきところが多いのです。

戦後物資が乏しかった時代を生きてきた、おじいちゃん、おばあちゃんたちの知恵も尊重したいものです。

第23原則　占領下の人々の生活や天然資源を守ろう！

【条文】抑圧、支配及び占領の下にある人々の環境及び天然資源は、保護されなければならない。

【解説】軍事政権や独裁政権などの社会では、多くの場合、その国の人々は抑圧され、生活の格差も激しく、自由に暮らせていません。飲料となる川の水や、金や銀などの天然資源のみならず、多くの生き物が生息する森や湖に至るまで、支配者のものとして、破壊されてしまう場合もあるのです。自然の資源は、支配者のものだけでなく、地球の資産です。未来の子孫のためにも、天然資源を保護する必要があります。そこに生活する人々の人権を守り、抑圧や占領から解放するために、国際的な協力が必要なのです。

第24原則　戦争はダメ

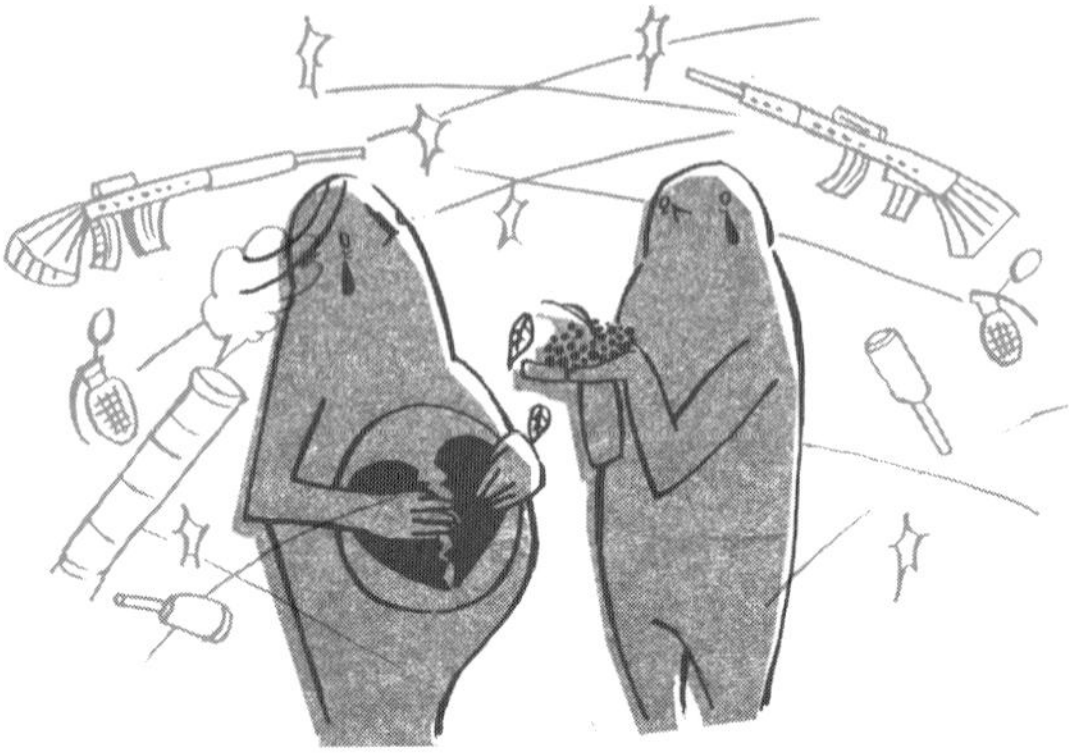

【条文】戦争は、元来、持続可能な開発を破壊する性格を有する。そのため、各国は、武力紛争時における環境保護に関する国際法を尊重し、必要に応じ、その一層の発展のため協力しなければならない。

【解説】戦争は、人間だけでなく、その周りの生き物を殺し、環境を破壊します。また、戦争に使う兵器は、現在生きているものだけでなく、地域の未来も破壊する力を持ってしまいました。爆弾によって燃える建物は、ダイオキシン対策もされていません。地球の裏側の戦争は、決して他人事ではないのです。人類と自然環境の未来を守るため、戦争をしないよう努めなければなりません。

第25原則　平和＆開発＆環境は一体

【条文】平和、開発及び環境保全は、相互依存的であり、切り離すことはできない。

【解説】平和であること、開発すること、そして環境を保全することは、どれもつながっていて、別々に考えることはできません。

　豊かになるために開発をし、その開発をすることで、また環境が良くなる、そして環境が良くなるから、平和になる。というように、良い関係のスパイラルをつくっていくことが、必要なのです。開発をすることで、環境が悪化し、人が不幸になっては本末転倒です。平和と開発そして環境保全がつながっていて、一体のものであるという意識を持つことが重要です。

第26原則　平和的解決を

【条文】各国は、すべての環境に関する紛争を平和的に、かつ、国連憲章に従って適切な手段により解決しなければならない。

【解説】水問題、食料問題、砂漠化に伴う土地問題、資源開発の問題…など、環境を原因とする争いは、今も世界のどこかで起きています。武力での解決は、どちらかが勝ち、どちらかが負ける二者択一であり、また勝ったとしても、心や体に傷を負い、終戦処理など苦労は続くのです。また兵器の使用は、地球に大きな傷痕を残します。兵器のそのような破壊力を考えると、武力は真の解決にはなりえないのです。地球は一つなのです。宇宙まで行けるようになった人類なのですから、話し合いによる平和的な解決を望みたいものです。

第27原則　幸せの地球に

【条文】各国及び国民は、この宣言に表明された原則の実施及び持続可能な開発の分野における国際法の一層の発展のため、誠実に、かつ、パートナーシップの精神で協力しなければならない。

【解説】国も国民も、この27の原則を誠実に実行していきましょう、ということです。

この宣言をもう一度読み直し、これらが実行されている世界を想像してみてください。きっと、豊かな自然に囲まれ、笑顔があふれる素敵な世界がつくられていることでしょう。そんな未来をつくるのも、今生きている私たちにかかっているのです。地球に暮らす仲間として、世界の人たちと協力して、豊かな今日と素晴らしい未来をつくっていきましょう。

コラム

ホットスポットから、
ほっ♪とスポットへ

春の七草や秋の七草は、どこにいってしまったのでしょうか？　地味な花ゆえ、名前も呼んでもらえず、雑草とひとまとめにされ、抜かれてしまっているのです。その結果、日本にしかない可憐な植物たちが消えていってしまいました。

きれいな紫色の小さな花をつけるツユクサは、昔は染料に使われていたため、色が付く草、つき草（付き草）とも呼ばれていました。世界最古の歌集である万葉集の一首に「月草に衣は摺《す》らむ朝露に　濡れての後《のち》は　移ろひぬとも」（７巻）と詠われています。今でも古代の人が見たツユクサと同じものがあり、その状態を体験できるからこそ、人は心で時代を超えることができるのではないでしょうか。

日本にはこのように、世界には類を見ない繊細な文化と多くの植物をはじめとする自然に囲まれています。今、これらの生き物は絶滅に瀕しており、世界で最優先に守るべき場所として「生物多様性ホットスポット」に指定されています。しかしこれからは、自然を回復させ、日本の生き物が暮らし、そして私たちも安心して暮らせるホッとする場所の「ほっ♪とスポット」にしていきたいですね。

おわりに

　最近、スリッパの代わりに「わらぞうり」を履くようになりました。ワラの感覚が気持ち良く、新鮮な感覚です。この古くて新しいことに、地球環境を良くするヒントが隠されているような気がしています。

　今回の執筆にあたり、さまざまなヒントを与えてくださいました、名古屋大学大学院環境学研究科林良嗣教授および研究室の皆様、岡山理科大学動物学科織田銑一教授、スイス近自然研究所代表の山脇正俊様、イラストに対するさまざまな要望に応えて下さいました山本アカネ様、技報堂出版伊藤大樹様、出版関係者の皆様、友人、家族、そして地球の生き物とすべてに心より感謝申し上げます。

　今回も多くの皆様の支えにより、出版に至ることができました。夢は皆さんとともに、実現できるのだと、改めて実感いたしております。ゆえに、地球環境を良くしたい！と思う皆の夢が集まれば、それは必ず実現し、明るい未来が広がって行くことでしょう。これからも、１人でも多くの人と、そんな夢を共有していけたらと思っています。お読みいただきありがとうございました。

《主な参考文献・ホームページ》

【第1章】
J・マクニーリーほか『世界の生物の多様性を守る』（財）日本自然保護協会、一九九一
長谷川明子『地球と暮らすまちづくり』技報堂出版、二〇〇九
香坂　玲『いのちのつながり　よく分かる生物多様性』中日新聞社、二〇〇九
京都大学総合博物館ほか編『生物の多様性ってなんだろう?』京都大学学術出版会、二〇〇七
国連ミレニアムエコシステム評価編『生態系サービスと人類の将来』オーム社、二〇〇七
WWF（世界自然保護基金）ジャパンホームページ「生きている地球レポート」
生物多様性まちづくりホームページ

【第2章】
環境省パンフレット「生活排水読本　ひろげようキレイな水のある暮らし」
（独）森林総合研究所ホームページ「世界の森林」
東京大学大気海洋研究所ホームページ「塩分フロントがランドマーク　ウナギの産卵回遊」
緑提灯応援隊ホームページ
農林水産省ホームページ「消費者相談」

【第3章】
池田香代子再話『世界がもし100人の村だったら』マガジンハウス、二〇〇一
『日本の伝統色』ピエブックス、二〇〇七
（財）日本ユニセフ協会ホームページ「なぜ?1歳まで生きられない、小さな命」
NPO法人 エコロジカル・フットプリント・ジャパンホームページ
Global footprint network website "personal footprint"

＊そのほか多くの文献、ホームページを参考にさせていただきました。

著者略歴

長谷川 明子（はせがわ・あきこ）

1965年名古屋市生まれ、1988年麻布大学獣医学部環境畜産学科卒業。
大学時代上野動物園でゾウ飼育の実習を経験しながら、哺乳類の行動を研究する。卒業後現（財）自然環境研究センターにて動物調査員として勤務。その後、東アフリカ野生生物管理大学（タンザニア）へ短期派遣、動物行動調査員などとしてアフリカへ数度渡る。その経験から、人も含め生態系全体を保全することが必要であると痛感。生物の生息空間を保全する「ビオトープ」の概念に出合う。現在、1級ビオトープ計画管理士として、研究および講演活動に従事しつつ、大同大学、愛知学泉大学などで非常勤講師を務める。また、より多くの人に自然について楽しく理解してもらうために、プロジェクトワイルド、プロジェクトウエットなど米国環境教育プログラムのファシリテーターとしても活動している。
（財）日本生態系協会評議委員、愛知県環境影響評価委員会委員、愛知県生物多様性キャラバンアドバイザー、国土交通省中部地方ダム等管理フォローアップ委員会委員、名古屋市生物多様性アドバイザー、「ビオトープを考える会」会長など。環境省環境カウンセラー。

【主な著書】
『街と里山の生きものたち』（合同出版）2002年（分担執筆）
『環境保全学の理論と実践Ⅲ』（信山社サイテック）2003年（分担執筆）
『ビオトープ　―環境復元と自然再生を成功させる101ガイド―』（誠文堂新光社）2004年（共著）
『地球と暮らすまちづくり　―スイス・ドイツに学ぶ近自然―』（技報堂出版）2009年（単著）

生物多様性
私と地球を元気にする方法

定価はカバーに表示してあります。

2010年9月15日　1版1刷発行　　ISBN 978-4-7655-4466-5 C1045

著　者　長谷川　明子
発行者　長　滋彦
発行所　技報堂出版株式会社
〒101-0051　東京都千代田区神田神保町1-2-5
電　話　営　業（03）（5217）0885
　　　　編　集（03）（5217）0881
　　　　F A X（03）（5217）0886
振替口座　00140-4-10
http://gihodobooks.jp/

日本書籍出版協会会員
自然科学書協会会員
工学書協会会員
土木・建築書協会会員

Printed in Japan

装幀・組版：パーレン　イラスト：山本アカネ
印刷・製本：三美印刷